理系アタマを育てる

「はやぶさ2」「イカロス」に強くなる!!

こども実験教室
宇宙を飛ぶスゴイ技術！

JAXAシニアフェロー
川口淳一郎

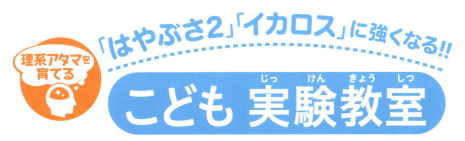

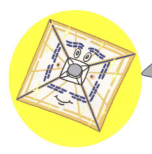

ビジネス社

はじめに

「はやぶさ2」が、リュウグウに到着しました。

「はやぶさ」、イカロスと、これまでかかわってきた惑星の探査が、また新しい世界を開いた。感激です。

　みなさんには、学校の授業で学んでいることと、こういった宇宙探査がどういう関係にあるのか、なかなかわからないと思います。

　そこで、この本は、みなさんに、まず、「つくって、さわってみよう」という気持ちになってもらうことを目的としました。

　小学校から中学、高校まで、工学や技術といった授業は、ほとんどありません。どうして自動車が走るのか、テレビはどうして映るのか、液晶ってなにか、ロケットはどうして進むのか、などなど。

　宇宙にかぎらず、この世の中の産業を支え、人類の発展を牽引している技術について教えてくれる授業はなく、みなさんに伝わる機会もないのです。大学の工学部を終えた学生さんが、ハンダゴテさえ持ったことがない、といったこともあります。今の日本では、成績ばかりが尺度になっているような気がしてなりません。

　私が子どもの頃は、さまざまなものを手づくりして、実験して遊んでいました。天体望遠鏡を手づくりし、月のクレーターをはじめて自分の目で見たときの感動は、忘れられません。

　ですから、みなさんにも、もっとワクワクしながら、とりくんでほしいのです。そんな思いで、この本を書きました。

　この本は、「実際の宇宙探査では、こういう技術が使われている」というところから出発して、それを、みなさんの身のまわりにある現象でどう説明しようか、そのように考えながらつくっていきました。

　準備をして、学習をしてから応用をしよう、学校では、そういう順番だと思います。でも、ここでは、いきなり実際の宇宙探査の技術を見てみようじゃないか、そんなアプローチで紹介しています。最初からゴールを見てよいのです。

　「はやぶさ」「はやぶさ2」が着陸する方法、宇宙を航行する方法、人工クレーターをつくる方法、イカロスが姿勢を変える新技術……。実際の宇宙飛行に使われている技術を紹介しながら、みなさんが、お父さん、お母さんと一緒に、実験で体験できることを目指しました。

　空想で理解するのではなく、実験で手を動かして、事実にふれてもらいたいと思っています。材料は、100円ショップや通販で買えるものばかりです。

　なお、本書にはサブ教材として、掲載している実験を収録した動画があり、私が書き下ろした解説書がついています。こちらの内容は少し高度で、中学〜高校、あるいは大人の読者向けになっています。あわせてご覧いただければ幸いです（www.kidssciencelabo.comで購入できます）。

　本書が一人でも多くのお子さんの好奇心を刺激し、科学する心を育てる一助になれば、著者としてこれ以上の喜びはありません。

JAXAシニアフェロー
川口淳一郎

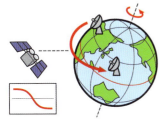

「はやぶさ2」「イカロス」に強くなる!!

こども実験教室（じっけんきょうしつ）
宇宙を飛ぶスゴイ技術！

もくじ

はじめに ……2

重い乾電池が、お米の上に浮く!? そんなこと、あるの？ ……8
チャレンジ！ ペットボトルで、ブラジルナッツ効果を実感してみよう ……9

「はやぶさ」が着陸したイトカワは内部がスキマだらけなんだって。
どうしてそんなことがわかったの？ ……12
チャレンジ！ 大きさの違うガムボールで、重さをくらべてみよう ……14

「はやぶさ2」が着陸する目標は、落としても弾まない不思議なボール ……16
チャレンジ！ ターゲットマーカーをつくってみよう ……18

小惑星の砂を収めた「再突入カプセル」は
どうしてお椀みたいな形でも飛べるの？ ……20
チャレンジ！ 再突入カプセルを、お風呂に沈めてみよう！ ……22

「はやぶさ2」のカメラや望遠鏡をもっと簡単にして、手づくりして遊ぼう！ ……24
チャレンジ！ ピンホールカメラをつくってみよう ……25
チャレンジ！ レンズカメラのしくみをしろう ……27
チャレンジ！ 望遠鏡をつくってみよう ……28

リュウグウの表面には、大きな凹みが見えるね。
あれはクレーターだよ。「はや2」はクレーターをつくれるんだ。……30
チャレンジ！ お米でクレーターをつくってみよう ……31

イオンエンジンは電気の力で加速するよ。
「はやぶさ」ではメインエンジンに採用したんだ。……35
チャレンジ! イオンエンジンのしくみを体感しよう ……38

水で進むロケットボートをつくって、エンジンの性能をくらべよう! ……40
チャレンジ! 水ロケットボートで、エンジンの力を感じよう ……43

探査機自体は、"ゼロエネルギーハウス" なんだ。
停電は絶対に起きないようになってるんだよ。……46
チャレンジ! Q チョコの分け方を考えてみよう ……47

救急車がとおりすぎると、音が変わるよね?
そのドップラー効果を使って宇宙にいる「はやぶさ2」を探すんだよ。……48
チャレンジ! 動く音は、聞く角度で変わることを実感しよう ……52

人工衛星にカーナビはないんだよ。
「はやぶさ2」は、リュウグウの上で自分の位置を、どうやって知るのかな? ……54
チャレンジ! Google Earthで、位置を当てよう ……56

イカロスは「太陽の光の押す力」で進むんだ。
でも、太陽の「押す力」なんて、感じたことある? ……58
チャレンジ! 太陽の光がものを動かす力になることを実感する ……60
チャレンジ! 調光フィルムでイカロスが向きを変えるしくみを体感! ……62

宇宙船の中は、暑くなっても窓を開けて風を入れられないよ。
どうやって熱を外に出すのかな? ……64
チャレンジ! 魔法のヒートパイプをつくってみよう ……67
チャレンジ! 毛細管現象を体感しよう ……70

ラジオで、太陽のエネルギーの影響を観測できるよ。
夜になると、遠くのラジオ局まで聞こえるんだ。……72
チャレンジ! 太陽のエネルギーの影響をAMラジオで観測 ……74

光には、すりぬけられる方向があんだ。
その特徴を利用して、鉱物の成分を分析できるよ。……76
チャレンジ! 光にすりぬけられる方向があることをたしかめよう ……78

形を変える宇宙船なんて、映画みたいだね。
でも、本当に研究されてるよ。……79
チャレンジ! わりばしで、2回宙返り、2回ひねり! ……81

宇宙では"想定外"なんて当たり前。
あらゆるケースを考えて対処するやわらかい頭が必要だよ。……84
チャレンジ! Q 紅茶の缶を、2つの軸で回転させて、向きを変えよう ……86

ピンホールカメラの型紙 ……87

本書で紹介している実験には、カッターやメチルアルコール、白熱電球を使うものがあります。危険がないよう、大人の方が注意してあげてください。器物の破損、怪我などには、著者・出版社とも責任を負いかねますのでご了承ください。

読者限定無料プレゼントなどのご案内

実験がくわしくわかる動画 [ダイジェスト版]
わかりやすい実験の動画をダウンロードできます。見ながらやってみよう!
http://bit.ly/2tQcsrb

本書の副読本と動画（フルバージョン）のご案内
実験の内容をもっと詳しく解説した副読本（中学～高校、大人向け）と、動画のフルバージョンもご用意があります。ダイジェスト版の無料ダウンロードも可能です。
www.kidssciencelabo.com　※「labo」と「o」が入ります。

この本の実験でわかること

はやぶさ
- ドップラー効果……48ページ
- 再突入カプセル……20ページ

イトカワ
- ブラジルナッツ効果……8ページ
- ラブルパイル天体……12ページ

たくさんの実験があるから、ためしてみてね!

- ターゲットマーカー……16ページ
- カメラと望遠鏡……24ページ
- 地形航法……54ページ
- ヒートパイプ……64ページ

はやぶさ2（背面）
- イオンエンジン……35ページ
- エンジンの性能……40ページ
- クレーターをつくる……30ページ

はやぶさ2

リュウグウ

イカロス
- イカロスが進むしくみ……58ページ

- チョコの効率のよい分け方……46ページ
- 太陽のエネルギーが与える影響……72ページ
- 光の性質……76ページ
- 未来の宇宙船……79ページ
- 機体の姿勢を変える……84ページ

重い乾電池が、お米の上に浮く!?
そんなこと、あるの?

石を水に入れたら沈みますね。
重いものは、軽いものより下に沈むのがふつうです。
でも、実際には、そうじゃない場合もあるんです。

イトカワの表面には、ゴツゴツした岩がたくさん。
これはなぜだろう?

　初代「はやぶさ」が到達した小惑星イトカワは、とても変わった姿をしていました。地球からは遠いので、「はやぶさ」が到達するまで、その姿はちゃんとは見えませんでした。ですから、「はやぶさ」がイトカワの上空から写真を送ってきたとき、私たちはとても驚きました。これまでに人類が知っている、どんな天体とも違う姿をしていたからです。
　まず驚いたのは、イトカワの表面には、ゴツゴツした岩がニョキニョキと突き出ていたことです。ふつうの天体は砂をかぶっていて、もっと表面がなめらかです。
　どうしてこのような姿をしているのか、完全にはわかっていません。ただ、「ブラジルナッツ効果」によるものだともいわれています。
　ミックスナッツの缶を買ってきて、開ける前にふってみましょう。アーモンドやヘーゼルナッツより、大きなカシューナッツが表面に浮か

イトカワの表面には、ゴツゴツした岩がたくさんつき出ています。©JAXA

チャレンジ1 ペットボトルで、ブラジルナッツ効果を実感してみよう

用意するもの
- ペットボトル
- お米
- ボルト
- 乾電池
- ビー玉

1 ペットボトルに、ボルトを入れます。

2 紙を筒状に丸めてじょうろ代わりにし、ペットボトルにお米を入れます。

3 ペットボトルをシャカシャカとふります。

4 ボルトが浮いてきました。

5 今度は、大小2つのボルトを入れてみましょう。

6 お米を入れて、同じようにふります。

7 大きなボルトが先に浮いてきました。

8 乾電池やビー玉を入れて、ためしてみましょう。

んでいるはずです。ナッツの中でも、そら豆ほどの大きさがあるブラジルナッツが一番先に浮いてくることから、この現象は「ブラジルナッツ効果」と呼ばれています。

ペットボトルで、ブラジルナッツ効果を実験

　ペットボトルの中にボルトを入れて、そこにお米を入れます。キャップをしめて、ペットボトルを上下にふってみてください。大きくて重いボルトが、お米の上に浮かんできます。重いボルトが浮かんでくるなんて、不思議ですね。
　今度は小さいボルトもいっしょに入れると、どうなるでしょうか？　なんと、大きくて重いボルトのほうが先に浮かんできます。ふり方を工夫してみてください。

10

さらに今度は、乾電池を入れてみましょう。こんな大きくて重いものが浮かんでくるのか？　と思うかもしれませんね。でも、簡単に浮いてきます。

小惑星や岩石がぶつかって、大きな岩が表面に

　小惑星の多くは、もともとあった小惑星どうしが衝突してバラバラになったあと、破片がふたたび集まってできたものです。小惑星になったあとも、同じような小惑星や大きな岩石が何度もぶつかってきて、そのショックで小惑星全体がゆれて、表面にゴツゴツした岩が浮き上がってきたとも考えられています。

イトカワに、ほかの小惑星や大きな岩石がぶつかって全体がゆさぶられ、だんだんと大きな岩が表面に浮き出てきたのではないかとも考えられています。

「はやぶさ」が着陸したイトカワは内部がスキマだらけなんだって。どうしてそんなことがわかったの？

イトカワは大きなガレキが集まった天体です。
予想よりも重力が小さかったので、
内部がスキマだらけだとわかりました。

イトカワは予想よりも軽かった！

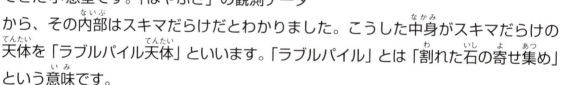

　イトカワは、もともとあった天体が衝突してバラバラになり、その破片がふたたび集まってできた小惑星です。「はやぶさ」の観測データから、その内部はスキマだらけだとわかりました。こうした中身がスキマだらけの天体を「ラブルパイル天体」といいます。「ラブルパイル」とは「割れた石の寄せ集め」という意味です。

　ラブルパイル天体は、「ある」ということは予測されていましたが、「はやぶさ」が人類ではじめて、その存在を証明したのです。
　では、どうして、イトカワの内部がスキマだらけだとわかったのでしょうか？
　それは、イトカワが「見た目」より軽かったからです。
　それまでの観測で、イトカワはケイ素質の石でできているとわかっていました。ケイ素質の石の体積あたりの重さは、だいたいわかります。
　そして、イトカワの大きさも、カメラやレーザー高度計できちんと測定できていま

した。これらのデータから、私たちはイトカワの重さを予測していました。

重さがわかると、そこから生まれる重力もだいたい予想できます。

イトカワに接近したはやぶさはエンジンを止めて、イトカワの重力に引っ張られるまま、自由落下で高度を下げていきました。そのときのスピードの変化を測ったら、思いのほか遅かったのです。予想していた6〜7割くらいしかありませんでした。

イトカワに引っ張られるスピードの変化が遅いというのは、イトカワの重力が小さいからです。「見た目」から予測されるより重力が小さい、つまり、イトカワは「見た目」より軽かったのです。これで、内部がスキマだらけだとわかりました。

スキマがあると軽くなるのは、なぜ?

イトカワの内部がどんな構造になっているのか、実験してみましょう。

大きなガムボールを容器につめて、重さを量ってみます。次に、小さなガムボールを容器につめて、重さを量りましょう。できれば大きめの容器でためしてください。

小さいボールのほうがスキマは小さいのでたくさん入る、つまり、より重くなる、と思いませんか？　でも、実際には、あまり変わりません。

これは、ボールが大きくても、小さくても、大きさのそろった球体をつめる場合、つめこめるボール全体の体積は、ほぼ変わらないからです。

さて、では、大きなガムボールと小さなガムボールを混ぜて、先ほどの容器につめてみましょう。重さはいくらになりましたか？

答えは、大きなガムボール、小さなガムボールだけのときより、重くなります。大きなガムボールのスキマに、小さなガムボールが入りこむので、つめこめる体積が増えるからです。

地球は、この大小のガムボールを混ぜた構造です。イトカワは大きなガムボールだけをつめたような構造なのです。これは、イトカワのもとになった天体が衝突でバラバラになったとき、細かい破片は遠くまで吹き飛ばされてしまい、近くにあった大きな破片だけが集まったからだと考えられています。

13

チャレンジ! 大きさの違うガムボールで、重さをくらべてみよう

用意するもの
- 素材は同じで、大きさの違う2種類の球形のもの（ここではガムボールを使用）
- 容器
- ビニール袋

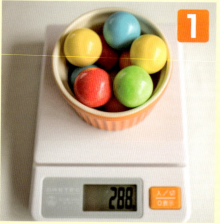

1. 大きなガムボールを容器いっぱいにして重さを量ります。これがイトカワです。

2. 小さなガムボールを容器いっぱいにつめて、重さを量ります。重さはほとんど変わりません。

3. 大小のガムボールを混ぜます。

4. 混ぜたガムボールを容器いっぱいにします。大きいボールだけ、小さいボールだけより、重くなります。これが地球です。

※小さなお子さんがガムボールを飲みこんだりしないように注意してください。

もっと知りたいキミに!

イトカワは「密度」が小さかった

物体には「密度」があります。これは、中身がどれだけつまっているかをあらわす単位で、「重さ（質量）」を「大きさ（体積）」で割ると、求められます。

石の密度は、だいたい1㎤（立方センチメートル）で3gくらいです（1㎤は、ほぼ角砂糖1個の大きさ）。ところが、イトカワの密度は、1㎤あたり約1.9gしかありませんでした。ふつうよりもずっと小さいのです。これで、内部がスキマだらけだとわかったのです。

$$密度 = 重さ（質量） \div 大きさ（体積）$$

イトカワのようなラブルパイル天体は、内部がスキマだらけです。そのため軽くなるので、そこから生まれる重力も軽くなるのです。

地球のような天体は砂や岩石などが入り混じっているので、重くなります。重い天体では、そこから生まれる重力も大きくなります。

内部にスキマが多いと密度は小さくなるよ

「はやぶさ2」が着陸する目標は、落としても弾まない不思議なボール

「はやぶさ2」は小惑星リュウグウに着陸して、岩石などのサンプルを採集します。ちゃんとねらった場所に着陸させるために、ターゲットマーカーが目印になります。

宇宙船の着陸は、何が一番むずかしい？

　宇宙船が着陸するときは、高度を少しずつ下げて、ゆっくりと着地します。実は高さの調整は、そんなにむずかしいことではありません。宇宙船の高度計で高さを測りながら、スピードを落としていけばよいのです。
　むずかしいのは、横への動きを調節することなのです。

　たとえば、道路に段差があると、つまずいて転んだりします。これは人が歩いている、つまり、横に動いているからですね。初代「はやぶさ」をイトカワに着陸させるとき、もっともむずかしかったのは、横への動きをどうやって測るか？　でした。もし、間違って岩にでもつまずくと、ひっくり返って壊れてしまいます。
　このとき、「はやぶさ」は地球から3億kmもはなれた場所にいました。私たちが「はやぶさ」に指示を出して、「はやぶさ」から返事が返ってくる、その1往復のやりとり

16

に30数分もかかります。地上でデータを見ながら指令を出していたのでは、間に合いません。「はやぶさ」が自分で測って、横方向の運動をゼロにしなければなりませんでした。

カメラの映像を見て、調整すればいいのでは？　と思うかもしれませんね。私たちもそう思いました。でも、「はやぶさ」が降下すると、イトカワの表面に自分の影ができます。太陽が斜めから当たっていると、降下するにつれて自分の影や岩の影ができて、その大きさや見え方も変わります。結局、カメラの映像から横方向の動きを測るのは、ロボット機械ではむずかしいと判断しました。

そこで、イトカワの表面に、人工の目印を落とすことにしました。その目印が「はやぶさ」のカメラの画像の中で止まって見えるように降ろしていけば、横への動きはゼロになります。

よい方法を思いついたと思ったのですが、これにも問題がありました。

落とした目印がバウンドしてしまうのです。イトカワは小さな天体です。そのため、重力がとても小さく、バウンドしている時間も長いのです。

私たちは、バウンドしないで表面に止まってくれる目印をつくれないか、いろいろと考えました。

身のまわりで"落としてもバウンドしないもの"を探してみよう

私たちの身のまわりにも、落としてもバウンドしないものがあります。たとえば、鎖、お手玉は、落としてもバウンドしません。これが手がかりになりました。つまり、たくさんの小さなものどうしがぶつかれば、全体としてはバウンドしないわけです。

鎖

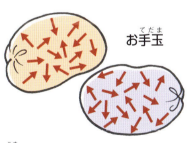

お手玉

細かいものどうしがぶつかると、上にはねあがるエネルギーを打ち消します。お手玉は、中に入っている豆やビーズなどがぶつかり合って、バウンドしないのです。

17

当時、岐阜県にあった自由落下施設で、真空で無重量の環境をつくって、何度も実験を繰り返しました。最初はお手玉のように、外側が布のようにやわらかいものを考えました。ところが、ゆっくりとしたスピードで落としても、布はバネのように跳ねることがわかり、あきらめました。

そこで私たちは、容器にかたいボールを使うことにしました。その中に、たくさんのガラスビーズを入れたのです。弾まない目印「ターゲットマーカー」は、こうして完成しました。

ところが、できた目印は弾まないけれど、転がる可能性がありました。そこで考えたすえに、ウニのトゲのような突起をつけました。私たちのアイデアはNASAでも絶賛されました。

イトカワの表面にとどいたターゲットマーカー。内部には、応援してくださった世界各国88万人の方のお名前がのっていました。©JAXA

チャレンジ！ ターゲットマーカーをつくってみよう

用意するもの
- ガチャ用のカプセル
- ビーズ
- ビニールテープ
- お手玉

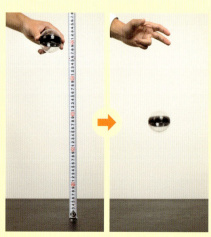

1 中身が空のガチャ用カプセルを、1mの高さから落としてみましょう。床にぶつかったあと、かなりの高さまでバウンドします。

2 お手玉は、バウンドしません。

③ ターゲットマーカーをつくってみましょう。ガチャ用のカプセルにビーズを半分くらい入れます。

④ ふたをします。

⑤ ビニールテープで止めます。

⑥ これで完成です。

⑦ 落としても、バウンドしません。

ビーズの量をいろいろと変えて、どのくらいバウンドするか見てみよう

※小さなお子さんがビーズを口に入れたりしないように注意してください。

小惑星の砂を収めた「再突入カプセル」はどうしてお椀みたいな形でも飛べるの？

「はやぶさ」から切りはなされた再突入カプセルは、
小惑星のサンプル（砂）をちゃんと地上にとどけてくれました。
大気圏から出て行って、もう一度もどってくるので
「再突入」カプセルと呼ばれます。

再突入カプセルの形は、どのように考えられた？

再突入カプセル。丸い前面で大気圏の大量のエネルギーを受け止めます。©JAXA

「『はやぶさ』の再突入カプセルは平べったくて、あんな形のものが、どうしてひっくり返らずに飛べるんですか？」と、よく聞かれます。

　再突入カプセルは、とても速いスピードで大気圏に突っこんできます。その速度は秒速11km。最後はパラシュートを開いて、ゆっくり着地します。パラシュートを開くときのスピードは秒速1kmです。大部分はカプセル自身で減速させるので、できるだけ平たい形がよいのです。

　耐熱も考えなくてはなりません。再突入の際、大気がぶつかって大量のエネルギーが入ってくるため、カプセルはとてつもない高熱にさらされます。

　もし、ロケットのように先がとがった形をしていたら、そのとがった1点でエネルギーのすべてを受け止めることになります。すさまじいエネルギーですから、カプセルは溶けて蒸発してしまいます。大きなエネルギーを分散させるには、広い面積が必

要です。こうした2つの理由から、あのように平たい形になったのです。

安定させるには、形と重心の位置がポイント

「はやぶさ」の再突入カプセルは、電池など重いものは、できるだけ前面に置く設計をしました。重心が前にくるようにして、安定させているのです。

「はやぶさ」から切りはなされたあと、オーストラリアのウーメラ砂漠で発見された再突入カプセル。イトカワの貴重なサンプルが入っていました。右側にパラシュートが見えます。©JAXA

もっと知りたいキミに！

カプセルは、溶けながら冷やしていた！

大気圏に突入するとき、入ってくる大量のエネルギーで、ものすごい高温になります。そこで、カプセルの材料も工夫しました。

氷は冷たくて、近くにいると涼しいですね。これは、氷が溶けて水に変わるとき、熱をうばうからです。夏、道路に打ち水をすると、涼しいですね。これは水が水蒸気に変わるとき、熱をうばって冷やすからです。

カプセルの外側には、温度が高くなると、固体から液体、液体から気体へと変わり、最後にはガスになる樹脂を使いました。樹脂が溶けながら冷やし、ガスになって表面をおおっていたのです。

カプセルには、こんな冷却方法——アブレーションと呼んでいます——を採用しました。

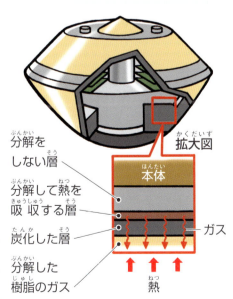

チャレンジ! 再突入カプセルを、お風呂に沈めてみよう!

用意するもの
- キッチン用スポンジ
- キッチンラップ
- 油粘土
- ガチャ用カプセル
- 輪ゴム

1. ガチャ用のカプセルの大きさに合わせて、スポンジを切ります。カプセルに穴があいている場合は、セロテープでふさいでください。

2. スポンジがあついので、うすくします。カッターを使うときは気をつけましょう。

3. 油粘土をカプセルの大きさに合わせて平たく丸め、キッチンラップで包みます。

4. カプセルにスポンジをつめ、その上にラップで包んだ油粘土をつめます。

5 キッチンラップでカプセルにふたをして、輪ゴムでとめます。よぶんなラップははさみでカットしましょう。

6 同じようにして、カプセルをつくります。左は、「下が油粘土で、上がスポンジ」のカプセル。中央が「下がスポンジで、上が油粘土」のカプセル。右は、「全体に油粘土」をつめたものです。

7 お風呂場で実験してみましょう。左が、「下がスポンジで、上が油粘土」、右が「下が油粘土で、上がスポンジ」です。ゆっくりと手を放します。

8 左の「下がスポンジで、上が油粘土」のカプセルは、バランスを崩してひっくり返ってしまいました。

9 今度は、左が「全体に油粘土」のカプセル、右が「下が油粘土で、上がスポンジ」です。

10 「全体に油粘土」のカプセルは、速いスピードで浴槽の底について、減速できません。

23

「はやぶさ2」のカメラや望遠鏡をもっと簡単にして、手づくりして遊ぼう！

「はやぶさ2」には赤外線カメラや
光学カメラ（望遠鏡）などが装備されています。
カメラや望遠鏡の基本のしくみを知りましょう。

ピンホールカメラって、どんなもの？

　人間ははるか昔から、カメラのようなしくみを知っていました。レンズやフィルムがなくても、光がつくる像を楽しんでいたのです。みなさんも手づくりして、のぞいて楽しんでください。
　まず、長方形の箱をつくり、先っぽに、とがったもので小さな穴をあけます。さらにもう1つ、その箱の内側にぴったりとはまるような、やや小さめの箱をつくります。やや小さめの箱の先には、トレーシングペーパーをはりましょう。

87ページに型紙があるよ

ピンホールカメラをつくってみよう

用意するもの
・本書87ページの型紙をコピー
・レンズ
・トレーシングペーパー

1 コピーした型紙を切りぬきます。カッターを使うときは、ケガをしないように気をつけましょう。

2 トレーシングペーパーの上に、箱の先の部分になる型紙Aをのせて、切りぬきます。

3 切りぬいた紙の内側をマジックで黒く塗ります。

4 先っぽになるBの中心に、ボールペンを使って、小さな穴をあけます。

25

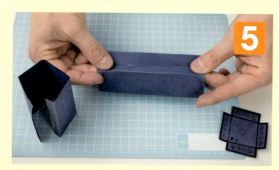

紙を折って、箱を2つ組み立てます。のりではってください。

Aの箱の先っぽには、トレーシングペーパーを、Bの箱には、穴をあけた紙をはります。

穴をあけた紙をはった箱Bを外側にして、その内側にトレーシングペーパーをはった箱Aをさしこみます。これで完成です。

明るいほうに向けて、のぞいてみましょう。

上下がさかさまですが、カラーのきれいな画像が見えます。

　大きいほうの箱に、小さいほうの箱をさしこみます。
穴をあけた部分と、トレーシングペーパーをはった部分が重なるようにします。
　窓のほうへ向けて、箱の中をのぞいてみましょう。
　内側の箱を前後に動かして調節すると、外の景色がトレーシングペーパーの上に、きれいに映ります。上下がひっくり返った画像ですが、カラーなのでとても感激します。このしくみを使ったカメラをピンホールカメラといいます。

レンズをつけてみよう！

　先ほどの、箱の先の穴をもっと大きくして、レンズをつけてみましょう。100円シ

ョップで売っているルーペをレンズにします。

　レンズをつけた箱の内側に、先っぽにトレーシングペーパーをはった箱をさしこみます。

　内側の箱を前後に動かしてみると、ピントが合います。やはり上下はさかさまですが、さっきより、ずっと明るく見えますね。これがレンズカメラのしくみです。

　では、このレンズカメラは、ピンホールカメラとは、何が違うでしょうか。

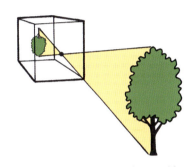

ピンホールカメラは、小さな穴をとおった光が、画像をつくります。

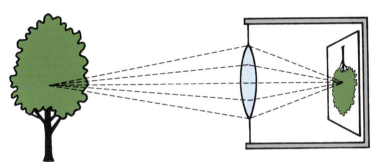

レンズカメラは、面積の広いレンズが光を集めるため、明るい画像が見えます。

チャレンジ！ レンズカメラのしくみをしろう

1 外側の箱Bの先っぽにはった紙をはずし、レンズを取りつけます。

2 窓の外をのぞいてみましょう。さっきより、ずっと明るい画像が見られます。

※太陽は絶対に見ないでください。

黒い紙の上に、虫眼鏡を使って光を集めると、焦げますね。これは、レンズが光を1点に集めるからです。でも、小さな穴をあけた紙を黒い紙の上にかざしても、焦げません。針穴は、レンズのように光を集めることはできないのです。

　ピンホールカメラでは、小さな穴をとおった光だけが、トレーシングペーパーの上にとどきます。

　一方、レンズは光を集めますから、面積の広いレンズにとどいた光全部が、トレーシングペーパーの上にとどきます。それで、ずっと明るい画像になるわけです。

望遠鏡をつくってみよう！

　黒いあつめの紙を丸めて、筒をつくります。100円ショップで老眼鏡を買ってきて、レンズをはずし、筒の片方の先に取りつけます。

　もう一方のはしには、27ページの実験で使ったルーペのレンズをつけてください。ルーペのほうからのぞいてみましょう。遠くのものが、近くに見えますね？　これで望遠鏡ができました。さっきのレンズカメラの像を、ルーペで拡大して見ていることになります。

チャレンジ！ 望遠鏡をつくってみよう

用意するもの
- キッチンラップの芯など筒状のもの
- 黒い画用紙
- ルーペ
- 老眼鏡
- ボール紙

1 芯に黒い画用紙を巻いて、テープでとめます。黒い画用紙を前後に動かして使います。

2 老眼鏡からレンズを1枚、はずします。ニッパーも100円ショップで売っています。

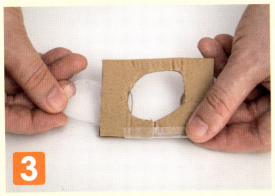

3 ボール紙を四角に切り、まんなかを丸くくりぬきます。老眼鏡のレンズをあて、テープでとめます。

4 芯の先に、3でつくった老眼鏡のレンズを取りつけます。

5 巻いた黒い画用紙の先に、ルーペを取りつけます。ルーペを目に当ててのぞいてください。

6 黒い筒を前後に動かして、よく見えるところを探します。

※太陽は絶対に見ないでください。

リュウグウの表面には、大きな凹みが見えるね。あれはクレーターだよ。「はや2」はクレーターをつくれるんだ。

天体に岩が衝突してクレーターができます。
クレーターは、天体の内側を教えてくれたり、
その歴史を知る「窓」ともいえます。

お米でクレーターをつくってみよう！

地球に落ちてきた隕石は、大気の中で燃えてしまいます。けれど、大気のない天体では、隕石は超高速で天体の表面にぶつかって、クレーターをつくるのです。「はやぶさ2」には、人工のクレーターをつくるインパクター（SCI※）があります。私たちもお米でクレーターをつくってみましょう。手順は次のページです。

実験の記録をまとめたのが右の表です。カプセルを高いところから落とすほど、お米にぶつかるときの速度は速くなります。速いものがぶつかるほど、たくさんのお米が飛び出していますね。そして、同じ1mの高さなら、より重いカプセルがぶつかるほど、ボウルからたくさんのお米が飛び出しています。つまり、どちらもぶつかるエネルギーが大きいほど、飛び出すお米の量が増えるわけです。それだけ大きなクレーターがつくられることになります。

リュウグウの写真。左側の大きな凹みはクレーターです。©JAXA

ビー玉の数	落とした高さ		
	30cm	50cm	1m
30個入り	3粒	10g	40g
15個入り	なし	なし	10g
8個入り	なし	なし	36粒

ビー玉をぎっしりつめたカプセルを1mの高さから落としたときが、一番たくさんのお米が飛び出しました。

※SCI＝Small Carry-on Impactor

チャレンジ！ お米でクレーターをつくってみよう

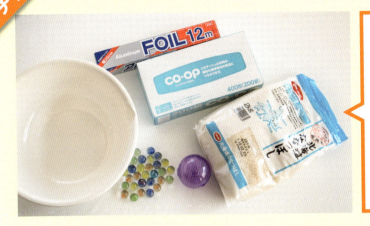

用意するもの
- お米（2kgくらい）
- ビー玉（30個くらい）
- ガチャ用のカプセル
- アルミホイル
- ティッシュペーパー
- 小さいジップロックの袋（数枚）
- ボウル（直径30cmくらい）

ガチャ用のカプセルに、ビー玉をつめます。①ビー玉が4分の1で、あとはティッシュ、②ビー玉が半分、あとはティッシュ、③ビー玉をぎっしり入れたカプセルの3種類をつくります。

ボウルいっぱいにお米を入れて、表面を平らにならします。

ボウルの上をアルミホイルでおおいます。

アルミホイルのまんなかに、カプセルより少し大きな穴をあけます。

31

スマホやiPadでスロー動画撮影をはじめます。カプセルのビー玉が入っているほうを下にして、アルミホイルの穴に向けて落とします。

床にレジャーシートか新聞紙をしいて、ボウルを置きます。メジャーで1mを測ります。反対の手でガチャ用のカプセルを持ちます。

お米をジップロックに入れて量ります。数字はメモしておきましょう。

カプセルがぶつかった衝撃で、ボウルからお米が飛び出します。ここまでを撮影します。アルミホイルの上や、レジャーシートの上に飛び散ったお米を集めます。

アルミホイルをはずし、お米を平らにします。②③のカプセルで、手順5から実験を行います。落とす高さも変えてみましょう。

画面左上に秒数が表示されるアプリ「ウゴトル」などでスロー動画を再生します。カプセルの落ちはじめと、お米に衝突する瞬間の秒数から、かかる時間を測定します。

32

「はやぶさ2」がつくるクレーターの大きさは？

「ウゴトル」などのアプリを使って、カプセルが落下するのにかかった時間を測定します。カプセルが落下する速さは、「高さ÷時間」で求められます（ぶつかったときの速さは、その2倍です）。また、カプセルの重さに、この速さをかけて、もう一度、速さをかけると、「エネルギーの目安」が出ます。

何回か実験した結果を上の表と、右のグラフにまとめました。エネルギーの目安と、はじき出されたお米の重さには、一直線の関係があるのがわかります。

エネルギーの目安が3500のとき、40gのお米がはじき出されました。では、本物の「はやぶさ2」のインパクターなら、どうなるでしょうか？インパクターは重さ2000gの玉を、2000m/秒 で発射します。

エネルギーの目安は「2000×2000×2000」です。はじき出されるお米の重さは（2000×2000×2000）÷3500×40g＝91430kgです。

実験の結果

玉の重さ	高さ(cm)	早さ(m/秒)	エネルギーの目安	はじき出されたお米の重さ(g)
180	30	2.4	1037	0.3
180	50	3.1	1730	10
180	100	4.4	3485	40
60	100	4.4	1162	3.6
100	100	4.4	1936	10

※実際のエネルギーは、表の値の2分の1になります。

はじき出されたお米の重さとエネルギーの目安

お米の天体にできるクレーターの大きさ

はじき出されるお米の重さ(kg)	できるクレーターの直径(m)
200	1
1,600	2
5,000	3
13,000	4
25,000	5
40,000	6
70,000	7
100,000	8
150,000	9
200,000	10

お米でおおわれた小惑星があるとして、できるクレーターの直径と、はじき出されるお米の量は、前ページ下の表のようになります。この表から、直径8mくらいのクレーターができるとわかりますね。実際は、表面はお米ではなく砂や岩でおおわれているので、できるクレーターはもう少し小さくなります。

「はやぶさ2」のインパクターは、世界初のこころみ

「はやぶさ2」のインパクターの威力はすごいです。「はやぶさ2」の本体から切りはなされたインパクターは、リュウグウの上で爆薬を使って金属ライナーを撃ち出します。ライナーは弾丸のように形を変え、毎秒2kmという速さでリュウグウに衝突。クレーターをつくります。

未来の宇宙探査や調査では、ちびりちびり掘るのではなく、えぐるくらいの掘削手段が必要になります。そのさきがけとなる小型のインパクターを、日本が独自に考えました。世界中が注目しています。

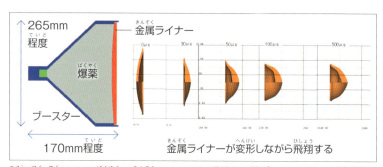

SCIは約5kgの爆薬で金属ライナーを発射。板状のライナーは弾丸状に変形しながら飛びます。JAXAの資料より。

「はやぶさ2」のSCIミッション

「はやぶさ2」の機体の底から切りはなされたインパクターが、リュウグウに向かって降下。

インパクターが金属ライナー（銅板）を発射。弾丸状になってリュウグウに激突します。

リュウグウにはクレーターができます。リュウグウの内部の物質が表面にあらわになります。

退避していた「はやぶさ2」がクレーターか、ごく近くにタッチダウンし、サンプルを採集。

イオンエンジンは電気の力で加速するよ。「はやぶさ」ではメインエンジンに採用したんだ。

イオンエンジンはとても電力を使うので、
人工衛星の補助エンジンとして使われてきました。
どうして「はやぶさ」では、メインエンジンにできたのでしょうか？

イオンエンジンの性能は、ロケットエンジンの10倍！

「はやぶさ」や「はやぶさ2」のメインエンジンは、電気で動くイオンエンジンです。イオンエンジン自体は、ずっと前からありました。ただ、電力をとてもたくさん必要とするので、メインエンジンとしては使われず、つねに地球の赤道上空を飛んでいる静止衛星の補助エンジンとして使われていたのです。

イオンエンジンは、電気の力で噴射して加速します。同じ推進剤の量でふつうのロケットの10倍ものスピードに到達できる、高性能のエンジンなのです。

推進剤というのは、はき出してエンジンが力を出すために運んでいく物質のことです。ロケットエンジンでは燃やして力を出すので、「燃料」といっていいでしょう。でも、イオンエンジンは燃やさないので、「推進剤」という言葉を使います。

初代「はやぶさ」はM-Vロケット5号機につんで打ち上げ、太陽のまわりをまわる軌道にのってから、約2か月後にイオンエンジンで加速を開始しました。

そんなに高性能のエンジンなら、地面からイオンエンジンで打ち上げればいいのでは？　と思うかもしれませんね。でも、イオンエンジンは大量の電気を使うので、打

ち上げに使うには、そこに発電所が必要になるくらいなのです。

思いこみを捨てて気づいたイオンエンジンの活用法

「はやぶさ」は、イトカワで岩石などを採集し、地球にもどってくる計画でした。

いったんイトカワに止まって、また出発しなければならないので、ふつうのロケットエンジンだと、たくさんの燃料が必要になります。燃料だけで重量枠がいっぱいになってしまい、「はやぶさ」に観測やコンピューターなどのシステムをのせることができません。

そこで、少ない推進剤でロケットエンジンよりずっと速く飛ばせるイオンエンジンを使うしかない、と考えたのです。

ここには、技術者の盲点をつく発想がありました。

それまでは、世界中の技術者が「イオンエンジンは高性能だけれど、電力を使いすぎるから、補助でしか使えない」と思いこんでいました。ところが、「はやぶさ」のような惑星探査機は、めざす惑星につくまでは、あまりすることがありません。ですから、その間は電力に余裕があります。

そして目的地についてしまうと、もうイオンエンジンを動かす必要はないのです。ということは、電気を使って、たくさんの装置や観測機器を動かすことができます。ここに気づいたのです。

ものごとはなんでも、思いこみで誤解していないか、よく考えてみることが必要です。

後方から見た「はやぶさ2」。丸く4つ見えるのがイオンエンジンです。©JAXA

イオンエンジンは、電気で加速する高性能のエンジン

「はやぶさ」のイオンエンジンでは、進む力（推力）を得るために、キセノンガスを推進剤に使います。まずはじめにキセノンガスのまわりの電子をはぎとって、キセノ

ンイオンと電子とにばらばらにします。

　そして、1500Vくらいの電圧でイオンを加速して、毎秒30kmの速さで探査機の外に放り出すのです。これが進む力になります。

　このとき、イオンだけを放り出すと、探査機の上にマイナスの電子がたまってしまいます。そこで、イオンを放り出すとき、横の中和器から電子を放出してあげて、もとの中性のキセノンガスになるようにしています。

　本当のイオンエンジンのしくみとは違いますが、電気で粒子が加速されることは、簡単な実験で観察できます。次のページを参考にやってみてください。

　電気で動くエンジンは、これからもっとたくさん活用されていくでしょう。もう、燃料をたくさん使うロケットエンジンの時代ではなくなるのです。イオンエンジンで動く宇宙船や、太陽の光で進むイカロスのような宇宙船が、もっともっと研究されていくはずです。これからは、みなさんが活躍する時代なのです。

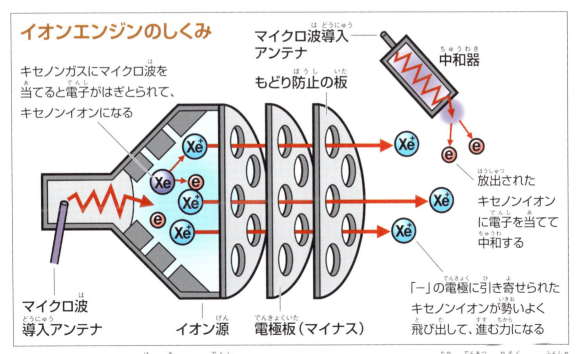

キセノンガスにマイクロ波を当てて、電子とキセノンイオンにばらばらにします。高い電圧で加速して噴射し、進む力にします。となりの中和器からは電子を出して、飛び出してきたキセノンイオンを中和します。こうして、「はやぶさ」本体がマイナスの電気をおびるのをさけています。

チャレンジ！ イオンエンジンのしくみを体感しよう

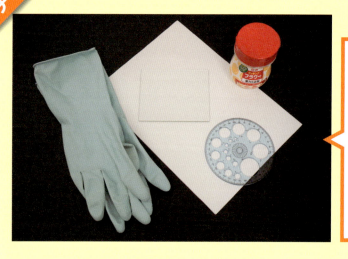

用意するもの
- ゴムの手袋
- 穴のあいた定規
  （100円ショップで売っています）
- ガラスの板
  （フォトフレームのガラスを利用）
- 小麦粉
- 紙

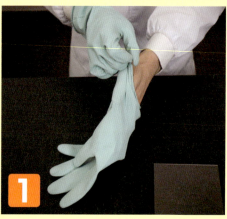

1 手で静電気が逃げないように、ゴムの手袋をします。

2 紙を適当な大きさにカットします。

3 切った紙でガラスの表面をこすります。両面ともよくこすってください。

4 ガラス板の上に、小麦粉を少々、出します。

小麦粉は、このくらいの量でOKです。

小麦粉の上から紙でガラスをこすります。力を入れず、やさしく円を描くようにこすりましょう。

小麦粉は、このように円形に広がります。

新しい紙で、穴のあいた定規をこすります。両面をよくこすってください。

ガラス板の上に、穴のあいた定規をそっと近づけていきます。小麦粉が静電気に引きつけられてまいあがります。穴を通過して定規の上にまで飛び出すものもあります。ガラスと小麦粉はプラスの電気をおびていて、定規はマイナスの電気をおびているからです。

※定規は37ページの図のまんなかの板にあたります。実物のイオンエンジンでは、その前後にプラスの電気をおびた2枚の板があり、小麦粉（イオン）が定規にくっつかないようになっています。

水で進むロケットボートをつくって、エンジンの性能をくらべよう！

エンジンの性能は、
力だけで決まるのではありません。
どんなエンジンなら性能がよいのか、
考えてみましょう。

エンジンの性能は、どこで決まるの？

　エンジンの性能は、同じ推進剤の量で到達できるスピードで決まります。別のいい方をすると、「どれだけ重い物質（推進剤）を、どれだけ速いスピードでロケットの外に放り出せるか」で決まるのです。力が大きいほうが、性能がよいのかというと、そう簡単ではありません。たとえ力が大きくて、大量の重い物質を放り出せるとしても、その速度が遅いなら、そのエンジンは性能が悪いのです。

　ちょっとむずかしいですか？　次のページのイラストで説明しましょう。

　台車にしっかり固定された大砲があります。まず1発、玉を発射します。台車には車がついていますから、発射の反動で、うしろに動きますね。
　次に、2発続けて発射します。台車は先ほどの2倍、うしろに進みます。
　今度は、別の大砲を使います。その大砲は、同じ玉を2倍の速さで撃つことができます。1発、発射すると、どうなるでしょか？
　さっきの大砲が、玉を2発撃ったのと同じ距離だけ、うしろに進みます。2倍の速

40

さで撃ち出せるということは、2倍の距離だけうしろに進むということです。同じ玉を1発撃って2倍うしろに進むなら、それだけ性能がよいということですね。

　わかりましたか？　エンジンは力の大きさではなく、同じ重さの物質を放り出したとき、機体（台車）をよりスピードアップできるほうが、性能がよいのです。

水で進むボートで実験しよう

　水ロケットで進むボートをつくって、エンジンの性能を体感してみましょう。プロペラやスクリューはありませんが、コップからストローで引いてきた水を、船尾から吐き出して進みます。ボートにはコップを2つのせます。これが、ロケットの推進剤を入れるタンクです。

　結果としてより速いスピードで進んだほうが、性能のよいエンジンをつんでいるボートといえます。でも、動いているボートの速さを測るのは大変です。そこで、進んだ距離を測ることにしましょう。倍の速さを出せるなら、だいたい倍の距離を進めるからです。

　次のような手順で実験してみてください。

①コップ1つに水を半分入れて、発進。距離を測る。

大砲を台車に固定して、玉を1発撃ちます。反動で、台車はうしろに進みます。

上と同じ大砲で、玉を2発撃ちます。台車は先ほどの2倍、うしろに進みます。

2倍の速さで撃ち出せる大砲で、同じ玉を1発撃ちます。台車は、まんなかの例と同じ距離だけ後退します。

②コップ2つに、どちらも半分まで水を入れて発進。距離を測る。

コップ2つに水を入れたほうが、だいたい倍くらいの距離を進みます。ここまででわかることは、コップの水の量が倍になると、加速も倍くらいになるということです。
では、次に、下の実験をしてみましょう。

③1つのコップに水を満タンに入れ、もう1つは空にして発進。距離を測る。

コップに水を満タンに入れると、半分のときより、勢いよく吐き出されます。それだけ進む距離も延びます。

結果はどうでしょうか？ 合計した水の量は②の実験と同じです。でも、船が進んだ距離は、②のときよりだいぶ延びたはずです。これは、どうしてでしょうか？ 魔法のように思えますね。
　実は、この実験は、コップに入れる水の高さが鍵なのです。水の高さが同じなら、ボートから吐き出される水の速さは、水の量に関係なく、同じです。
　でも、水の背が高くなると、吐き出される水のスピードは速くなります。水が、高いところから低いところへ落ちるためと考えてもよいです。

水ロケットボートの性能は、「水の量」と「水の背」で決まる

　実験でつくった水ロケットボートの性能は、吐き出す「水の量」と、吐き出す「水の速度」のかけ算で決まります。つまり、ボートの性能を高めるには、のせる水の量を増やすことと、「水の背」を高くすることです。
　もちろん、ボートを軽くすることも、とても重要です。これらは、実際に宇宙へ飛ぶロケットの設計でも同じです。ロケットでは、吐き出すガスのスピードを高めるために、燃料を高温度で燃やします。イオンエンジンは燃料を燃やすかわりに、電気の力で粒子を加速させて、高速で吐き出すことは、もう知っていますね。

チャレンジ！

水ロケットボートで、エンジンの力を感じよう

用意するもの
- ウレタンの板（ホームセンターなどで買えます）
- ビニールコップ2個
- ストロー
- ビニールテープ
- 油粘土

1 ウレタンの板をカットして、箱型のボートをつくります。

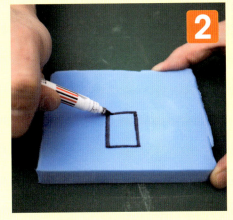

2 ボートのうしろには、中心よりやや下側に穴をあけます。マーカーで大きさを決めています。

3 パーツをビニールテープでとめて、箱型に組み立てます。

4 これでボート本体が完成しました。

※カッターを使うときは、手を切らないように注意しましょう。

43

ビニールコップに、ボールペンで穴をあけます。1つのコップには、前後に2つ穴をあけます。もう1つのコップは穴1つです。穴は同じ高さにそろえます。

鉛筆を使って、穴を大きくします。ストローがとおるくらいでOKです。

ストローの先にテープを巻いて、太くします。

コップ2つを短めのストローでつなぎ、うしろのコップには、ボートにつなぐストローを取りつけます。

ストローをとおしたビニールコップを、ボートの上に設置します。

ストローの先端をボートのうしろの穴から出します。穴は油粘土やテープでふさぎます。

これで水力で進む水ロケットボートが完成しました。

2つ目のコップにとおしたストローの先をテープでふさぎます。

お風呂にボートを浮かべ、うしろのコップに水を半分くらい入れてみましょう。

ストローから水を吐き出しながら、ボートが進みはじめます。どこまで進むか、測ってみましょう。

今度は2つのコップに、水を半分くらい入れます。ストローの先のテープははがしてください。

距離が倍くらいに延びます。次は1つのコップに水を満タンに入れてくらべてみましょう。

45

探査機自体は、"ゼロエネルギーハウス"なんだ。停電は絶対に起きないようになってるんだよ。

「はやぶさ」や「はやぶさ2」の機体は、
少ない電力をやりくりして動いています。
その技術が、私たちの生活に
役立てられようとしています。

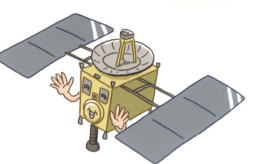

「はやぶさ」の電力コントロール技術を家庭に

　イオンエンジンはとても大きな電力を使います。「はやぶさ」は、太陽電池とバッテリーを組み合わせて、ぎりぎりのところで電力をやりくりしていました。太陽電池でつくられる電力は、太陽からの距離で決まってしまうのです。太陽から遠く離れた場所では、太陽電池でつくられる電力もわずかです。
　宇宙には、発電所も、充電できる場所もありません。もし、万一、「はやぶさ」の消費電力がオーバーしてしまうと、電気系統が落ちて音信不通……つまり、「はやぶさ」は死んでしまいます。
　そこで、私たちは、「はやぶさ」の電力がどうなっているか、つねに監視するしくみを考えました。サーバーという機器を用意して、すべての機器につなぎ、いざというときは切っても影響のない機器から、すぐに電源をオフにしていきます。

　「はやぶさ」が帰還したあとも、私たちは考え続け、技術の改良をしました。

サーバーに監視させる方法だと、すべての機器から情報を集めて計算し、どの機器をオフにするのか、指示を出さなければなりませんね。これだと通信の時間もかかりますし、複雑でシステムの開発にも手間がかかります。

　そこで、機器がそれぞれ自分で判断して、スイッチがオフになればよいと思いつきました。これなら通信の時間もかかりませんし、開発も簡単です。

　私たちはこの技術を、住宅にも使おうとしています。太陽電池で発電し、少ない電力ですべてをまかなう「ゼロエネルギーハウス」です。「はやぶさ」の宇宙の技術は、住宅にも応用できるのです。実用化まであと少しです。期待してください。

チャレンジ！

バザーで石けんを売って募金をしました。4つの班がそれぞれ、A班20個、B班15個、C班8個、D班7個を売りました。学校からごほうびとして、チョコが200個もらえました。さて、班に何個ずつ分けたらよいですか？

A1 集計係の人を置いて、チョコを分ける

4班で売った石けんは合計50個。200個÷50個＝4で、1個あたりチョコが4個もらえるとわかります。A班80個、B班60個、C班32個、D班28個です。でも、この作業では、集計係の人が各班で売った石けんの数を聞いて、計算しなければなりませんね。

A2 それぞれの班のリーダーでチョコを分ける

テーブルに200個のチョコを置き、各班のリーダーがぐるぐるまわって、売った石けんの数だけチョコをとります。4回まわればチョコは分けられますね。この例では割り切れましたが、もし、最後にチョコが足りなくなったら、1個のチョコを割ればいいんです。集計係もいりません。

> 救急車がとおりすぎると、音が変わるよね？
> そのドップラー効果を使って
> 宇宙にいる「はやぶさ2」を探すんだよ。

**探査機との距離は、通信にかかる時間でわかります。
位置を知るには、ドップラー効果を使います。**

「はやぶさ2」は今どこにいるの？

「はやぶさ2」が今どのくらい離れたところを飛んでいるのか、どうやってわかると思いますか？

「はやぶさ2」との距離は、通信にかかる時間でわかります。地上から送った信号を「はやぶさ2」が受けとり、その返事が返ってくるまでには時間がかかります。その1往復のやりとりにかかる時間で、距離がわかるのです。

でも、「はやぶさ2」が今、どの方向にいるかを知るのは、簡単ではありません。距離がわかっても、方向はわからないのです。距離だけでは、地上局（アンテナ局）から見て、ある距離の球の上のどこかにいる、ということしかわかりません。これは「はやぶさ2」にかぎらず、どんな探査機も同じです。

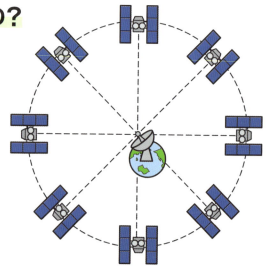

「はやぶさ2」との通信にかかる時間で距離はわかりますが、方角はわかりません。ある距離だけ離れた球の上のどこかにいる、ということがわかるだけです。

探査機がいる方向は、「ドップラー効果」という現象で知ることができます。

救急車が、自分の前や、家の前をとおりすぎると、高くひびいていたサイレンの音が、急に低くなりますね。この音の高さ（周波数、波長）が変化する現象を、ドップラー効果といいます。

音を出しているものが近づいてくるとき、音は高く聞こえますが、遠ざかるときは、音が低くなります。同じように、こちらが近づくときは高く、遠ざかるときは低くなります。

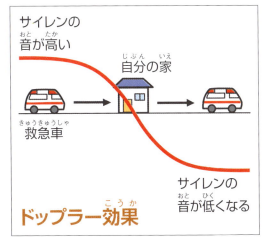

救急車が自分の家の前をとおりすぎると、サイレンの音が急に低くなります。近づいてくる音の周波数は高く、遠ざかる音の周波数は低くなるのです。これをドップラー効果といいます。

スマホのアプリで、ドップラー効果をためそう

最近のスマホには、遊べるアプリがたくさんあります。たとえば、周波数ジェネレータやトーンジェネレーターです。

ある周波数をセットすると、その音が鳴り続けます。

そこで、スマホで音を出しながら、キッチンで使う水切りネットなどに入れ、袋の口をしばって、

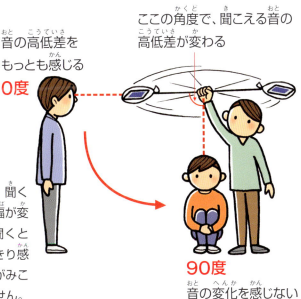

まわっているスマホの音は、スマホの回転面と、聞く人との角度で、高くなったり低くなったりする幅が変わります。まわっているスマホと同じ高さで聞くと（角度の差は0度）、音の高低の変化を一番はっきり感じます。スマホをまわしている人の足元にしゃがみこむと（角度は90度）、音の変化はあまり感じません。

グルグルとまわしてみましょう（あぶないので、きつくしばって、しっかり持ちましょう）。周囲にいる人には、ワウワウと、音が高くなったり低くなったりして聞こえます。スマホが近づくときは音が高く、遠ざかるときは低くなります。でも、スマホをまわしている人には、ずっと同じ音に聞こえています。自分を中心にスマホが回転しているからです。

そこで、スマホを回転させている人に近づいて、かがんで背を低くしてみましょう。どうですか？　音が高くなったり低くなったりするのをあまり感じなくなるはずです。スマホを回転させている人の足元までくると、音の変化はもっと感じなくなります。

このように、聞いている人の、スマホが回転している面からの角度で、音が高くなったり低くなったりする音の変化に差が出ます。その角度が０度のとき、音の高低の差はもっとも大きくなり、90度だと音の変化はほとんど感じなくなります。音の変化を、実際にたしかめてみてください。

「はやぶさ2」の居場所は、ドップラー効果でわかる

地球上で「はやぶさ2」からの電波を聞くと、地上局（アンテナ局）が「はやぶさ2」に近づくときは、音（周波数）が高くなり、地上局が「はやぶさ2」から遠ざかるときは、音が低くなります。

「地上局って、動くの？」と思うかもしれませんね。でも、地上局も地球の上にありますから、地球の自転といっしょに動いているのです。そして、これがけっこう速いスピードなのです。赤道付近では、自転速度は毎秒400mにもなります。

「はやぶさ2」が自分の前をとおりすぎるとき、正確にいうと、自分のいる経度線（地球に引いたタテの線）の上をとおりす

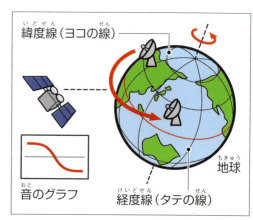

自分のいる経度線の上を「はやぶさ2」がとおりすぎるとき、「はやぶさ2」からの音の高さが変化します。これで、「はやぶさ2」のいる方向（経度）がわかります。

50

ぎるとき、「はやぶさ2」からの音の高さが変わります。ドップラー効果が起きるからです。

その音の高さの変化は、地球から見て、「はやぶさ2」がどの緯度線（地球に引いたヨコの線）上にいるかで変わってきます。もちろん、地上局の緯度によっても「音」の高低の幅は変わります。

そうです。ドップラー効果の実験でたしかめたように、地上局の緯度がわかっていれば、キャッチした電波の「音」の高低の幅から、「はやぶさ2」のいる方向の緯度がわかります。

こうして緯度と経度がわかるので、「はやぶさ2」との距離とを合わせて考えて、「『はやぶさ2』は今、ここにいる」と決めることができるのです。

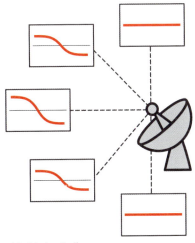

地上局の緯度と、「はやぶさ2」のいる緯度によって、聞こえる電波の「音」の高低の幅が変わります。

チャレンジ！

動く音は、聞く角度で変わることを実感しよう

> **用意するもの**
> ・スマホ2台（1台は音を出して、1台は音をグラフ表示させます）
> ・キッチン用の水切りネット数枚
> ・ロープ
> ・ビニールテープ

1

スマホのアプリを使って、2キロヘルツなど、ある周波数の音を鳴らします。写真はトーンジェネレーターの画面です。

2

スマホの音を鳴らしたまま、水切りネットに入れます。3〜4重にします。

3

ネットの口を、ロープでしっかりしばります。

4

ロープの結び目の上をビニールテープで補強し、ロープがはずれないようにします。

※あぶないので、しっかり持ちましょう。

5 ネットに入れたスマホをふりまわします。音は鳴り続けています。

6 スマホをまわしている人には、音の変化はほとんど聞こえません。

androidのアプリには、オシロスコープとFFT、iPhoneには、e-scope3in1、Sonic Toolsなどがあります。音がグラフで表示されるので、スマホの音（周波数）が高くなったり低くなったりするのがわかります。スマホはすごいですね。

7 スマホのアプリを使って、音をグラフで表示させてみましょう。

もっと知りたいキミに！
宇宙の膨張もドップラー効果で発見

　アメリカの偉大な天文学者に、ハッブル博士がいます。ハッブル望遠鏡を知っていますか？　あれは、博士の名前からつけられたものです。

　ハッブル博士は、銀河の光を研究していて、おもしろい現象に気づきました。光も電波の一種なので、光もドップラー効果を起こします。光が近づくときは波長が短く、遠ざかるときは波長が長くなるのです。ハッブル博士は、すべての銀河からの光が、波長が長いほうへとずれており、しかも遠くにある銀河ほど、その変化が大きいことに気づきました。つまり、宇宙が膨張しているということを発見したのです。

53

人工衛星にカーナビはないんだよ。「はやぶさ2」は、リュウグウの上で自分の場所を、どうやって知るのかな？

「はやぶさ2」はリュウグウに近づくとより正確な地形航法に切り替えます。自分のいる場所は、3点からの角度でわかります。

3か所の角度がわかると、自分の位置がわかる

今、キミが関東地方にいるとして、左手には新宿の高層ビル群が見えます。右には富士山が見えます。新宿と富士山の間の角度が60度だとすると、さて、キミのいる場所は、どこでしょうか？

実は、これだけの情報では、キミのいる場所は決められません。2つの目印の間の角度だけでは、富士山と新宿の間を「弦」とする、ある円上にいるとしかわからないのです。

もう1点、たとえば浅間山と富士山の間の角度がわかると、ようやく位置がわかります。ある位置を求めるには、3点からの角度が必要なのです。

新宿と富士山の角度がわかるだけでは、新宿と富士山を「弦」とする円の上のどこかに、自分がいるとしかわかりません。候補はたくさんあります。

新宿と富士山の角度に加え、富士山と浅間山との角度がわかると、自分の居場所も決まります。

54

地形（地図）を手がかりに、目印との角度から自分の位置を求めて航行することを地形航法といいます。「はやぶさ」「はやぶさ2」は、宇宙探査機として、おそらく世界ではじめて地形航法を使いました。

悩んで、ようやく思いついた「あてずっぽ地形航法」

「はやぶさ」はイトカワに到達したあと、上空から観測を続けて地図をつくりました。この地図をもとに「はやぶさ」を降ろしたのです。

実は最初に「はやぶさ」をイトカワに着陸させようとしたとき、私たちは地形航法ではなく、「はやぶさ」がとらえた画像の中心をめざすプログラムを使うつもりでした。ところが、このプログラムは役に立たなかったのです。

イトカワの表面はゴツゴツした大きな岩がたくさんあって、カメラが撮影した画像は水玉模様になってしまい、このプログラムで着陸させるのは無理でした。想像だけでつくったものは、そういうものなんですね。事実はいつも想像を超えています。

そこで、本番の挑戦では、場所を特定する方法を、あらためて考え出しました。それが地形航法でした。イトカワはゴツゴツした岩だらけでしたが、逆に、目印になるような場所がいくつもありました。目印の3点を決めて、それらからの角度を割り出せば、「はやぶさ」をねらった位置に降ろすことができます。

ただ、「はやぶさ」から目印の場所のデータをとって、その場所が地図上のどこにあたるか、対応表をつくるには大変な時間がかかります。これは頭の痛い問題でした。「はやぶさ」との通信には往復で30分もの時間がかかります。「はやぶさ」をイトカワに降ろすのに、対応表をつくっていては間に合いません。

苦心のすえ、もし、そこにいたらどんなふうに見えるだろうか、そんな場所をあてずっぽうでいくつも用意し、それをためしてみて、合うものを答えにする「あてずっぽ地形航法」を思いつきました。これは、「はやぶさ2」でも使われています。

まずデータがあって、それに基づいて計算すると答えが出せる。学校ではそう教わりますね。でも、「はやぶさ」「はやぶさ2」では、そういう手順は踏んでいません。

あてずっぽで答えをためしてみて、合うものを答えにしているのです。実際の現場では、こういう考え方は、とても重要です。

ではGoogle Earthを使って、「はやぶさ2」が地形から自分の位置を割り出すのを体感してみましょう。関東地方での自分の位置探しと同じで、「はやぶさ2」は、地形を描いた輪郭線上にある3点から、2点間を見こむ角度を3つ求めることができます。この3つの角度で、高度も含めて自分の場所を決めることができるのです。

チャレンジ！ Google Earthで、位置を当てよう

用意するもの
- スマホ
- トレーシングペーパー（またはクリアファイル、キッチンラップなど）

1 この実験は出題者と、回答者の2人で行います。出題者はGoogle Earthで好きな場所を表示します。

2 出題者が場所を選んでいる間、回答者は見てはいけません。

56

出題者は、クリアファイルをスマホの上にのせて、地形を書き写します。特徴のある地形がいいでしょう。

画面右下に表示されている緯度、経度、距離をメモしたら、地球を動かして別な場所を表示させます。

回答者はスマホとクリアファイルを受けとり、ペーパーに描かれた地形がどこか、探します。

「ここだ」と思う場所を見つけたら、画面の右下に表示されている、緯度、経度、距離をメモします。

探した場所が合っているか、出題者と答え合わせをしましょう。

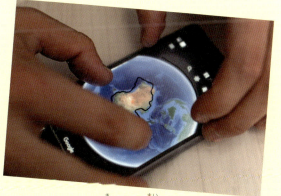

クリアファイルを切って1枚にしてやると、その上から、指で画面を動かせますよ。

イカロスは「太陽の光の押す力」で進むんだ。でも、太陽の「押す力」なんて、感じたことある？

イカロスは、燃料なしで進む
未来の宇宙船です。
大きな帆で、太陽からの
「光子」を反射させて、
進む力に変えるのです。

夢の宇宙船、イカロス

　私たちJAXAは、2010年に世界初のソーラーセイル「イカロス」を打ち上げました。ソーラーセイルというのは、「太陽の光の押す力」で進む、未来の宇宙船です。
　でも、太陽の光に「押す力」なんて、あるんでしょうか？
　日当たりのよい場所に立っていて、「あ、太陽に押されてる」なんて、感じたことはありますか？おそらくないでしょう。でも、本当は、少しだけ押されているんです。その力はとても弱いので、地球上では気づきません。

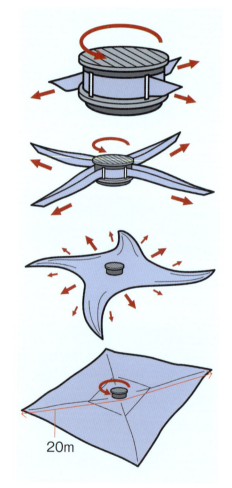

イカロスは回転して、その遠心力で、対角線が20mもある大きな帆を広げました。骨もなく、軽い宇宙船です。

58

ところが、宇宙には重力がないので、ごくわずかの力でも、ものを動かせるのです。くわしくいうと、太陽の光は「光子」といって、つぶ、粒子です。ソーラーセイルは、太陽の光子を帆で反射させて、その反動で進みます。光子の力は弱いので、大きな帆が必要です。

太陽の光がものを動かす!?

地球上でも、太陽の光がものを動かす力になることを、たしかめることができます。ラジオメーターというおもちゃを使います（ネットなどで売っています）。ラジオメーターは、丸いガラスの中に、表が白、裏が黒に塗られた羽根車が入っています。中はほんの少しだけガスが入っていますが、ほぼ真空です。

ラジオメーターに太陽の光か白熱電球の光を当ててみましょう（LED電球は適していません）。羽根がくるくるまわりますね。

これは、羽根の黒い面が、白い面より多くの光のエネルギーを吸収して、少しだけ温度が高くなるからです。

ラジオメーターの中のガスの粒は黒い面にぶつかると、より多くのエネルギーをもらって、速く反射していきます。これはロケットのところで話したように、ものをより速く放り出すことと同じですね。黒い面が、白い面より大きな力をもらうので、押し合いに勝つのです。

宇宙は真空なのでガスはありませんが、光の当たる面では光子がぶつかって、また反射して、つまり光のつぶを受け止めて、また放り出して、

目に見えない赤外線を、見てみよう

スマホのカメラをセルフ（自撮り）にして、テレビのリモコンをかざしてください。頭のほうにある目玉が映るようにして、リモコンのボタンを押します。ほら、スマホの画面には赤い光が映りますね。これが赤外線です。

チャレンジ！ 太陽の光がものを動かす力になることを実感する

用意するもの
・ラジオメーター
・赤外線温度計
（いずれもネットで買えます）

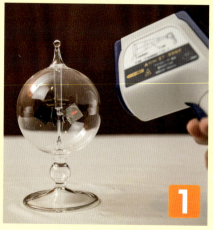

ラジオメーターに光を当てて羽根をまわしたあと、赤外線温度計で、羽根の白い面の温度を測ります。

1

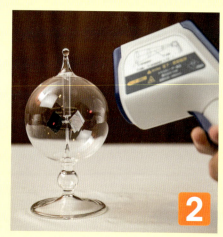

次に、羽根の黒い面の温度を測ってみましょう。黒い面のほうが、温度は高くなっています。

2

イカロスを押す力（推進力）になるのです。

液晶を使って、イカロスの方向を変える

　燃料のいらない画期的なイカロスでしたが、実は、最後まで課題がありました。
　イカロスの帆は、ゆっくりと回転しています。帆が大きいため、向きを変えるのが簡単ではありません。でも、向きを調整しないと、太陽の光をちゃんと受けることができなくなり、めざす方向に進めなくなってしまいます。いったい、どうやってイカ

60

ロスの帆の向きを変えようか……？
　苦心の結果、受けた光自身で向きを変える方法を思いつきました。なんだと思いますか？　液晶を使うのです。

液晶のしくみはこうなってる！

　エアコンのリモコンを見てみましょう。白黒で、文字があらわされていますね。液晶には、両端がプラスとマイナスの電気を帯びたヒモのようなものがたくさん浮いていて、そこに電気を流すと、ヒモのようなものが電気の流れる方向に整列し、背景の黒い板がすけて見えるしくみになっています。
　電気を流したり、流さなかったりで、背景が見えたり、見えなかったりします。
　イカロスでは、この液晶を、反射する面の上に置き、帆のある部分では太陽の光子を反射させたり、反射させなかったりと、細かく調節することで、いつも同じ方向に力をかけることに成功しました。そうして、帆の向きを変えたのです。液晶は、電力もほとんど使いません。
　宇宙で帆を広げて進むイカロスには、世界中の技術者がおどろきました。さらに液晶で向き変えるというアイデアは、世界中のみんなから「クール！」ってたくさんいわれました。「頭いい。すごいじゃないか」という意味です。
　私たちはイカロスの液晶デバイスをさらに発展させて、斜めに反射させる装置を開発しています。みなさんも研究に加わりませんか？

液晶のしくみ

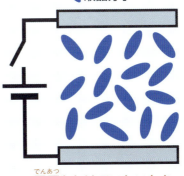

電圧をかけていないとき

電気を止めると、ひも状のものは整列しないので、背景の板が見えません。

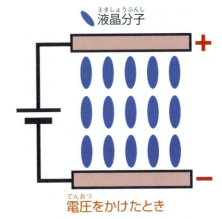

電圧をかけたとき

電気を流すと、ひも状のものが整列して、うしろの黒い板がすけて見えます。

チャレンジ！

調光フィルムでイカロスが向きを変えるしくみを体感！

用意するもの
- 調光フィルム
- ラジオメーター
（いずれもネットで買えます）
- 明るい白熱電球
- 鏡
- ブックエンド
- ボール紙

1 調光フィルムの線がむき出しになっていたりする場合は、ビニールテープで絶縁してください。

2 調光フィルムを下に置き、裏側に鏡をはりつけます（鏡の反射面が下向き）。

3 鏡をはった調光フィルムです。手前が調光フィルム、うしろが鏡です。

4 ブックエンドにボール紙をはりつけます。これで光をさえぎります。

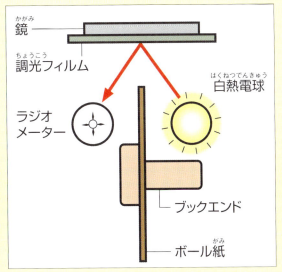

5 電球とラジオメーターの間に、ボール紙をはったブックエンドを立てます。鏡をはった調光フィルムは奥に置いてください。これで電球を点灯させても、直接ラジオメーターには光が当たりません。

左の写真を上から見たところです。

6 調光フィルムのスイッチをオン・オフしてみましょう。

イカロスの帆は、こんなしくみを応用してるんだ

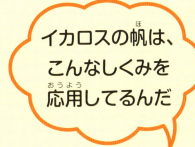

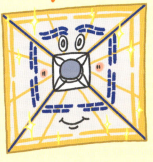

7

オンにすると、調光フィルムは電球の光をとおすので、鏡が光を反射して、ラジオメーターの羽根が回転します。スイッチをオフにすると、光をとおさなくなり、ラジオメーターの羽根は止まります。よく見ると、回転する速さが変わるのがわかります。

※白熱電球は直接見ないでください。やけどに注意してください。

宇宙船の中は、暑くなっても窓を開けて風を入れられないよ。どうやって熱を外に出すのかな？

宇宙船の中で電子機器を動かすと、熱が出てきます。
熱がたまると、宇宙船の中は高温になります。
宇宙船が溶けてしまうかもしれません。でも外は真空です。
そこで、熱を外に逃がす特別の装置があります。

熱の伝わり方は「伝導」「対流」「輻射」の3つ

　宇宙船で使う装置や機器は電気で動きますから、熱が出てきます。熱がたまると、どんどん宇宙船の中の温度が上昇して、ついには溶けてしまうかもしれません。よぶんな熱は、捨てなくてはならないのです。

　でも、宇宙に空気はないので、窓を開けて熱を逃がすわけにもいきません。さて、どうしましょうか？

　熱の伝わり方には、3つあります。
　まず1つ目は「伝導」と呼ばれるものです。
　冬、校庭の冷たい鉄棒をにぎっていると、だんだんと鉄棒が温かくなってきますね。これが伝導です。熱が物質に伝わっていくことです。
　もう1つは「対流」です。冬、暖房を入れると、部屋の上のほうが温かくなります。これは、温かい空気は、冷たい空気より軽いために上にのぼるからです。こうして空

64

気が移動して、熱が伝わっていきます。
　そしてもう1つが「輻射」と呼ばれるものです。すべての物体からは赤外線が出ています。この赤外線を出すことを輻射といいます（赤外線も光の一種です）。

　宇宙空間は真空なので、伝導も対流も起きません。輻射を使って熱を逃がします。これが放熱です。
　宇宙空間は、太陽からの熱がとどかないと、絶対温度で3度（マイナス270℃）という冷たさです。宇宙船から放熱する面積をあまり広くしてしまうと、むき出しの面をたくさんつくることになり、とても低温になってしまいます。放熱と断熱のバランスをとるのが、熱設計です。

　宇宙船では、放熱する場所まで熱を運ぶために、特別なパイプが使われています。これをヒートパイプといいます。ヒートパイプは、その名のとおり管です。ただし、その中には、ある液体が入っています。この液体は蒸発しやすく、また、結露しやすい（液体にもどりやすい）という特徴があります。

鉄のパイプで、熱の伝わり方を調べよう

　100円ショップで売られている鉄のパイプを

冷たい鉄棒をにぎっていると、だんだん温かくなってきます。熱が物質を伝わっていくことを伝導といいます。

温められた空気は上にのぼり、冷たい空気は下にさがります。このように、空気が移動して熱が伝わることを対流といいます。

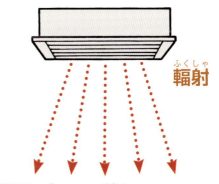

赤外線を出すことを輻射といいます。セラミックヒーターなどは、電熱線のうしろの反射板が、赤外線を反射します。

使って、ヒートパイプの実験をしてみましょう。鉄のパイプは、組み立て式の棚の材料です。このパイプの先をお湯につけて、熱がどのようにパイプに伝わるのかを調べます。

パイプには、間隔をあけてテープを巻き、そのテープの上に、順に番号を書き入れます。このテープの部分の温度を、赤外線温度計で測るのです。

最初は、パイプの中に何も入れないで測ります。パイプは金属ですから、お湯につけると伝導によって、だんだんと上のほうまで温かくなってきます。パイプの先をお湯につけたまま、5分後、10分後と時間をあけて、何回か測ってみましょう。

次に、パイプの中にメチルアルコールを入れて、同じように測ります。パイプにはフタをしてください。メチルアルコールは、ドラッグストアで売っています。コーヒーを淹れるサイホンで、アルコールランプに使うためのものです。燃えやすくてあぶないので、お父さん、お母さんに手伝ってもらってください。メチルアルコールの量は、だいたいお湯と同じくらいの高さまで入れます。

お湯を新しいものにかえて、同じように温度の変化を記録していきます。どうですか？　メチルアルコールを入れなかったときより、温度の上昇する幅が3倍くらいになりますね。メチルアルコールが熱を運んだのです。

液体は、蒸気になるときに熱を吸う

お湯をわかすと、水蒸気が出ますね。このように液体が気体に変わることを「気化」といいます。水蒸気が窓ガラスにつくと、水滴になりますね。これは気体が液体にもどったのです。

液体のメチルアルコールも、温められると気体になります。気体に変わるとき、熱を吸いこむのです。気化したメチルアルコールは、お湯と同じ温度になりま

メチルアルコールを使うときは、大人の人に手伝ってもらってね！

チャレンジ1　魔法のヒートパイプをつくってみよう

用意するもの
- 鉄のパイプ（組み立て式の棚用のもの）
- 赤外線温度計（ネットで買えます）
- ボウル
- メチルアルコール
- テープ
- 接着剤

1. 鉄のパイプにスキマがある場合は、接着剤でふさぎます。

2. 鉄のパイプに、テープを巻きます。一定の間隔をあけて、何か所も巻きます。写真では11か所巻いています。テープには、番号を書いておきます。

3. ボウルにお湯を入れて、鉄のパイプの先を入れます。下のテープから順に、赤外線温度計で温度を測ります。

4. 測った温度は、お父さんかお母さんに手伝ってもらい、記録します。5分後、10分後にも測ります。

67

⑤ 鉄のパイプにメチルアルコールを入れて、フタをします。

⑥ 新しいお湯にかえて、同じように温度を測ってみましょう。

鉄のパイプをお湯につけたら、温度はどう変化した？

下のグラフの赤線は、パイプをお湯につけてすぐの温度です。パイプが空でも、メチルアルコールを入れても、ほぼ同じです。青線はその10分後の温度です。緑の線は、鉄のパイプの中にメチルアルコールを入れたときの10分後の温度変化です。何も入れないときより、温度の上昇する幅が3倍くらいになっていますね。

これは、パイプの中のメチルアルコールが気化しながら、パイプの上のほうに熱を伝えているからです。くわしくは、次のページで解説します。

鉄のパイプの温度変化

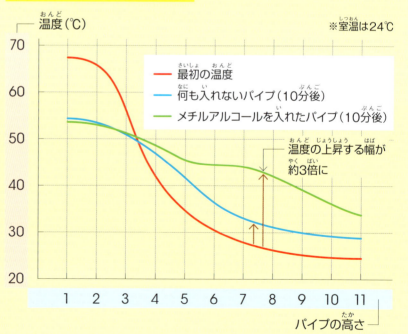

※室温は24℃

- 最初の温度
- 何も入れないパイプ（10分後）
- メチルアルコールを入れたパイプ（10分後）

温度の上昇する幅が約3倍に

パイプの高さ

す。
　気化したメチルアルコールは空気より軽いのでパイプの上のほうに集まります。パイプの上のほうは温度が低いため、気化していたメチルアルコールは、今度は熱をうばわれて、パイプの内側に水滴になってくっつきます。メチルアルコールの蒸気は、熱をはき出して液体にもどるわけです。こうして、熱がパイプの上のほうに伝わるのです。
　メチルアルコールの蒸気は、パイプの上のほうで液体にもどると、下へ落ちていき、ふたたびお湯で温められて気化します。これを繰り返します。

　ところで、この実験で、パイプの上のほうで液体にもどったメチルアルコールが下に落ちるのは、重力が働いているからですね。でも、宇宙空間では、重力がありません。液体が下のほうに、自然にもどることはないのです。
　そこで、宇宙船のヒートパイプでは、パイプの中にメッシュ（網）が入っています。その網が、「毛細管現象」という表面張力の力で液体を運びます。

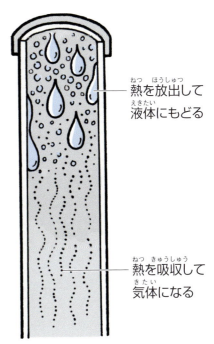

熱を放出して液体にもどる

熱を吸収して気体になる

温められたメチルアルコールは、気体になって上にのぼります。パイプの上は温度が低いので、今度は液体にもどり、水滴になって下に落ちます。液体は気化するときに熱を吸収し、気体が液体にもどるときには熱を放出します。

宇宙船のヒートパイプは、どんなしくみ？

　どういうことか、やってみましょう。
　まず、ティッシュペーパーを丸めて、太めのコヨリをつくります。水を入れたコップに、ボールペンで橋をかけ、コヨリの片側を水の中に、もう片方をコップの外に出しておきます。水には、インクで色をつけておくとわかりやすいでしょう。

水はコヨリを伝って、反対側の外に出した先から、やがてポタポタと水滴が落ちはじめます。これが毛細管現象です。
　ヒートパイプの内部には、気化しやすく、水滴にもどりやすい液体が入っていて、さらにメッシュが設けてあると話しましたね。蒸気は放熱して液体にもどり、液体はこのメッシュの毛細管現象によって、ふたたび熱を吸収する場所まで運ばれるのです。
　この熱をよく伝えるヒートパイプは、宇宙船に欠かせない装置です。

チャレンジ！ 毛細管現象を体感しよう

用意するもの
・ボウル
・コップ
・ティッシュペーパー
・ストロー
・赤インク

1 コップに水を入れて、ボウルの中に置きます。わかりやすくするため、インクで水に色をつけます。コップの上に、ボールペンで橋をかけます。

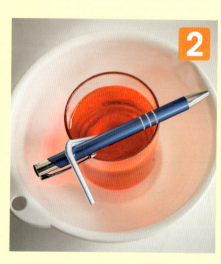

2 コップにストローをさし、ボールペンにもたせかけます。

70

3 ティッシュを丸めてコヨリをつくり、片方の先を水につけて、もう片方の先をコップの外に出しておきます。

4 しばらく観察しましょう。ストローは、水を吸い上げません。コヨリは赤い水を吸い上げて、先端からポタポタと水滴が落ちはじめます。これが毛細管現象です。

もっと知りたいキミに!

毛細管現象とにている「サイホン」

　ホースをお風呂につけて、ホースの先を指でふさいだまま外に持ち出すと、お風呂の水が外に運ばれます。これが「サイホン」です。

　サイホンでは、最初に水を閉じこめておき、そのまま取り出さなくてはいけません。毛細管現象は、上のコップの例でわかるように、最初からコヨリを水につけておく必要はありません。

　また、サイホンでは、ホースの先は、お風呂の水面の高さより、必ず低くしなければなりません。それに対し、毛細管現象では、コップの水面より少し高い位置でも、水は運ばれます。これも上の写真のとおりです。ヒートパイプには、毛細管現象が使われています。

ホースの先を浴槽につけておき、指でフタをして外に持ち出すと、ホースから水が出ます。これがサイホン現象です。

71

ラジオで、太陽のエネルギーの影響を観測できるよ。夜になると遠くのラジオ局まで聞こえるんだ。

ふだんは意識しないかもしれませんが、
身のまわりには、宇宙の現象があふれています。
台風なども、太陽の影響で起きる現象です。
AMラジオで、その太陽の変化を聞いてみましょう。

太陽のエネルギーで起こる現象はたくさんある

ふだん、私たちが"宇宙に暮らしている"と感じることは、少ないかもしれません。

でも、実は、たくさんの宇宙の現象が身近にあります。たとえば、天気です。毎日、天気が変わるのは、大気があって、水があり、重力のある地球に、太陽からのエネルギーがもたらされて起こる現象なのです。

その太陽からのエネルギーは、いつでも一定ではありません。夜になると日が沈みますから、当然、太陽のエネルギーはとどかなくなります。これはわかりやすいですね。

さらに、地球に気象の変化があるように、太陽の表面もつねに激しく変化しています。太陽の変化は、地上の電波にも影響をおよぼします。

ラジオで、
太陽のエネルギーの
影響を観測しよう

AMラジオで太陽の変化を聞く

　AMラジオで、太陽の活動を聞いてみましょう。ラジオは地球にとどく太陽エネルギーの影響を伝えてくれる、観測器になるのです。

　昼間、AMのラジオは近くの放送局しか聞こえません。ところが夜になると、昼間はまったく聞こえなかったような、遠方の放送局まで聞こえるようになります。

　全国の放送局の周波数は、インターネットで探すと一覧表が見つかります。それでも、いちいち周波数を合わせるのは大変ですから、「シンセチューナー」といって、正確に周波数をセットできる機能のついたラジオを使って、太陽の変化を観測しましょう。

　毎時の時報の前に、放送局のコールサイン（放送局の名前）が流れますから、それでどこの放送かがわかります。

　ラジオのアンテナをいっぱいに伸ばすか、銅線をクリップでとめて外部アンテナにするとより遠くの局まで聞こえます。あとは、ときどき強くなる放送を待ちます。どんなに遠くの放送局までとらえられるか、挑戦してみましょう。

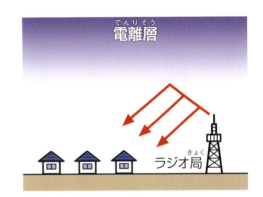

昼間は太陽の影響が強く、電離層があつくなっています。電波は空の低いところで反射されるため、遠くまでとどきません。

夜、遠くの放送局まで聞こえるのは、なぜ？

　夜になると遠くの放送局まで聞こえるのは、電離層と呼ばれる大気の層が関係しています。電離層は、電波を反射したり、吸収したり

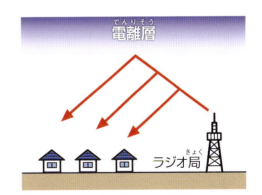

夜は太陽の影響が少なく、電離層がうすくなります。電波は空の高いところで反射されるので、遠くまでとどきます。

します。昼間は、太陽からの光や紫外線などが直接とどくので、電離層があつくなりますが、夜になると、うすくなります。

　昼間は、空の低いところにも電離層ができます。この影響で、放送の電波が反射されたり、吸収されてしまうので、近くの放送局しか聞こえません。夜になると、もっと高いところにある電離層で反射が起きるので、遠くの放送局の電波が反射されて、とどくようになるのです。太陽のパワーを感じますね。

　夜、遠くからの放送を聞いてみると、すぐに気づく不思議な現象があります。放送が強くなったり、弱くなったりするのです。しばらく、ほとんど何も聞こえなかったかと思うと、ガンガン聞こえたりします。
　いろいろな原因がありますが、電離層が安定していないために、放送の電波を反射する向きが変わったり、吸収する量が変わったりして、強弱が起きるのです。
　専門家、プロの研究者は電波を出して、反射で返ってきた電波をもう一度受信するといった観測を、日夜行っています。遠くのラジオ放送を聞いたり、強弱があることを発見できたら、キミもプロと同じように、宇宙の現象、太陽からのエネルギーの影響を観測していることになるのです。

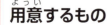

太陽のエネルギーの影響をAMラジオで観測

用意するもの
・AMが聞けるラジオ
・銅線
・クリップ

ハサミなどを使って、銅線のはしのビニールを片方だけはぎます。銅線が延長アンテナです。

むき出しにした銅線のはしをクリップに結びつけ、テープで補強します。

クリップをラジオのアンテナにはさみます。

銅線のもう片方は、そのままクリップに結びます。

銅線を伸ばして、片方はなるべく窓の近くにクリップでとめます。

ラジオで周波数を設定して、放送を聞きます。よく聞こえたり、聞こえにくかったりします。これも太陽の影響です。

75

光には、すりぬけられる方向があるんだ。その特徴を利用して、鉱物の成分を分析できるよ。

光にはすりぬけられる向きがあります。鉱物の観察に使われる偏光顕微鏡は、この特徴を利用しています。

偏光シートとは、どんなもの？

南極大陸で発見された隕石を偏光顕微鏡で観察した写真。©国立極地研究所

　右の写真は、南極大陸で見つかった隕石を、偏光顕微鏡でのぞいたものです。きれいですね。驚くかもしれませんが、実は、光はすりぬけられる方向が決まっています。その特徴を利用しているのが、偏光顕微鏡です。おもに鉱物の観察に使われます。

2枚の偏光シートを直角に重ねると、光をとおしません。

　光にすりぬけられる向きがあることを、たしかめてみましょう。偏光シートというフィルムを使います。偏光シートは、ある方向からくる光だけをとおします。ためしに、明るい屋外に向けて偏光シートをかざすと、少し暗く見えます。
　では、その偏光シートの手前に、もう1枚、別の偏光シートを重ねてみてください。何も変化がないなら、重ねた偏光シートを90度回転させます。
　真っ暗になりますね。これは、2枚のシートが互いに90度ずれた方向の光だけをとおすので、2枚を直角に重ねることで、光をとおさなくなったのです。

キッチンラップを重ねると？

　今度はキッチンラップを20〜30cm切り、でたらめに何重にも折りたたんで、明るい方向にかざします。ところどころ、暗く見えますね。
　ラップは、光を均一にはとおしません。しかも、すりぬけられる方向を少しずつ変えていきます。何重にも重ねると、偏光シートを重ねたときのように暗くなるのです。
　さて、今度はクシャクシャにしたラップを、光をとおさないように直角に重ねた2枚の偏光シートの間に、はさんでみてください。
　どうですか？　ラップのところは光をとおすようになりますね。これは、1枚目を通過したあとに、ラップで光のすりぬけられる向きが回転したからです。その結果、2枚目のシートをすりぬけられる光に変わったのです。よく見ると、茶色や赤っぽい色の部分が見えますね？茶色に見える光はラップで回転し、たまたま2枚のシートをすりぬけられる角度になったので、「茶色」として見えるわけです。ラップ1枚で、光がすりぬけられる方向がどのくらい回転するかは、光の色によっても違います。
　光の色と、鉱物の種類によって、光のすりぬけられる方向が決まっていますから、偏光顕微鏡を使うと、「物質の違い」が「色の違い」「明るさの違い」として観察できるのです。

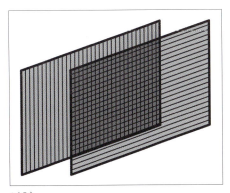

偏光シートはわかりやすくいうと、ブラインドのようなもの。ブラインドに平行な光だけをとおすため、2枚を直角に重ねると光をとおしません。

シャボン玉の表面には、いろんな色が見えるよ

シャボン玉の表面には虹が見えます。膜のあつさによって、ある色の反射がうち消されたり、強め合うからです。光は、実はいろいろな色、いろいろな波長の光の集まりなのです。59ページで確認した、目に見えない赤外線は、赤い色よりさらに波長が長い光です。

77

チャレンジ！

光にすりぬけられる方向があることをたしかめよう

用意するもの
・偏光シート2枚
（ネットの通販で買えます）
・キッチンラップ

1 キッチンラップを20～30cmほど切って、でたらめに折り重ねます。

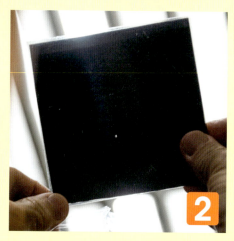

2 光をとおさないように、偏光シートを2枚重ねます。

3 2枚の偏光シートの間に、クシャクシャに折ったキッチンラップをはさみます。

4 ラップをはさんだ部分が光をとおし、茶色に色がついて見えるところもあります。これを利用したのが偏光顕微鏡です。

形を変えられる宇宙船なんて、映画みたいだね。でも、本当に研究されてるよ。

エネルギーを使わずに形や姿勢を変える宇宙船。
未来にはそんな乗り物が登場しそうです。
身のまわりでも、空中で形を変える
不思議な運動があります。

未来の宇宙船は、燃料なしに変形する！

　ネコを上向きに落としても、空中でひねって、ちゃんと足を下にして着地しますね。こうした形を変える技法に、私たちは注目しています。実は、宇宙空間で形を変えるトランスフォーマーという宇宙船をつくれないか、研究をしているのです。

　大事なのは、同時に姿勢も変えられることです。運動して、ふたたび静止したときに形が変わり、姿勢も自由な方向に向け直すことができる宇宙船——。

　私たちは、燃料を使わなくても、手品のように形や姿勢を変えられる宇宙船が、将来の宇宙飛行や宇宙ステーションで活躍する日が来ると考えています。

　次のページの図は、私たちが研究している「宇宙チョウ

ネコを上向きに落としても、ちゃんと足から着地します。身体をくの字に曲げてくるっとまわるのがポイントです。

チョウ」のモデルです。3枚のパネルからできていて、パネルを動かして、もどす順番を変えると、形は変わらないのに、最初の姿勢とは違う方向に向けられます。

図の黒い軸が、もとの姿勢（向き）をあらわします。一番下の図の青い軸が、パネルを動かしたあとの姿勢（向き）です。姿勢が変わっていますよね？

宇宙チョウチョウの向きの変化は、パネルを動かす順番と、もどす順番の違い、動かす向き、および角度で変わります。これは宇宙空間だからできることで、重力がある地上では、このような動きになかなか見えません。不思議ですね。

オリンピック選手のひねり技って、どうやってるの？

不思議な動きといえば、体操やトランポリン、高飛び込みの選手は、空中でみごとなひねり技を決めますね。ふつうにバク転や宙返りをしているだけでは、ひねりは生まれません。選手たちは空中で、身体の手や肩、腰を少し変形させているのです。

身体の大きな回転の一部が、頭から足先までの軸方向にあらわれて、ひねりとして見えます。私たちの身のまわりでも、このひねりを見ることができます。

次のページでは、わりばしを使った簡単な実験を紹介します。輪ゴムでくくりつけた2本のわりばしを、一直線になるように手で持ちます。それを宙返りさせるように、空中にほうりあげてみてください。腕が広がって十字架のようになり、ひらひらと奇妙な運動をしますよ。

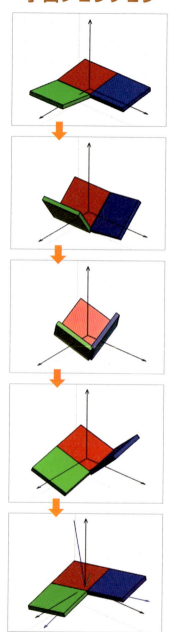

宇宙チョウチョウ

3枚のパネルを順番に動かしてもどすと、姿勢が変えられます。これは、緑色の軸のまわりに、ある角度だけ回転させたのと同じ動きになります。

80

わりばしで、2回宙返り、2回ひねり！

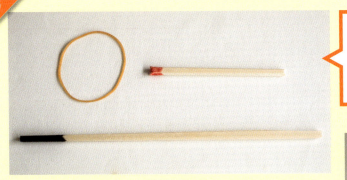

用意するもの
・わりばし
・輪ゴム

1. わりばしを十字に組み合わせて、輪ゴムをかけます。

2. 長いほうを人の身体、短いほうを腕に見立てます。頭を黒、左腕を赤に塗っておきます。

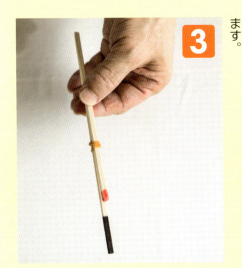

3. わりばしが1本になるように、そろえて持ちます。

頭（黒）
左腕（赤）
顔の向き＝身体の正面（青）

十字に組み合わせたわりばしを人に見立てます。長いほうの上部を黒く塗り、ここを頭とします。短いほうの左側を赤く塗り、これを左腕とします。これで身体の正面もわかります。

4 身体は一直線。手に持っているのが足です。

5 上にほうりあげると、十字に開いて回転しはじめます。左腕は画面奥側で、頭が上、顔が私の正面。

6 左腕は画面手前側です。左腕を巻く側にひねりはじめます。

7 左腕は画面手前側、頭は水平、顔は上です。

8 顔が斜め下、頭が下です。

9 顔がむこう側、左腕が下です。

10 左腕がむこう側、頭が上。顔は斜め上方向。

11 左腕が画面奥側、頭が上。顔はほぼ私の正面。これで1回転、1回ひねり終了。

82

12 左腕が手前側で、頭が水平。顔が上です。

13 左腕が手前側、頭が下。顔が私の正面です。

14 顔が斜め上側、頭が下。左腕はむこう側です。

15 左腕が手前側、顔が下です。

16 左腕が下側、顔が画面奥側です。

17 左腕がむこう側、顔が斜め上向きです。

18 左腕がむこう側です。頭が上で、顔は正面です。これで2回転、2回ひねり終了です。

アプリ「ウゴトル」では、画面左右の「▼」をクリックすると、コマ送りできます。

83

宇宙では"想定外"なんて当たり前。あらゆるケースを考えて対処するやわらかい頭が必要だよ。

「はやぶさ」は、あちこちが故障しました。
残された機能を使って、
どうやって地球に帰還させるか、
私たちは考え続けました。

使える機能をどう組み合わせて、「はやぶさ」を動かすか？

「はやぶさ」は故障が続きました。私たちは、「やはぶさ」に残された「できること」を組み合わせて、どうにかして地球に帰還させたいと、つねにアイデアをしぼり続けていました。「はやぶさ」は私たちの期待にこたえて、よく頑張ってくれました。

「はやぶさ」にはリアクションホイールといって、姿勢の細かい向きを調整する機械が3台ありました。ところが、3台のうちの2台が、2年半の飛行のうちに壊れてしまったのです。
「はやぶさ」は太陽電池の電力で動きます。ちゃんと太陽のほうを向くことができなくなったら、私たちと通信ができなくなります。私たちは、いつか最後のリアクションホイールが壊れて向きを調節できなくなり、「はやぶさ」は通信ができなくなって死んでしまうのではないかと、それをとても恐れていました。

イオンエンジンの首ふりで、回転できない方向とは？

「はやぶさ」は、イオンエンジンの首を上下左右に動かすことで、姿勢を調整することができました。エンジンの首を上か下に動かせば、「はやぶさ」の機体を上か下に向けることができます。首を右か左にふれば、機体を右か左に向かせることができます。

ただ、イオンエンジンで加速する方向の軸まわりには、機体を回転させられません。これは、ロープにぶら下がった人を考えればわかります。ロープにぶら下がって、身体を回転させようとして脚をバタバタさせても、回転することはできません。最後のリアクションホイールが故障したらどうしようか……。これは、とても頭の痛い問題でした。

ところが、イオンエンジンの首を上下、左右に動かすだけで、イオンエンジンで加速する方向の軸まわりに機体を回転させる方法があるのです。次のページの実験を見てください。私たちは、この方法で「はやぶさ」の姿勢を調整することを、最後のバックアップ手段として考えていました。

答えがわかってしまえば簡単に感じます。でも、これは数学的には非常に高度で、「非ホロノミックな制御」といいます。

結局、最後のリアクションホイールは故障せず、おかげで「はやぶさ」は７年にわたる旅を終えて、地球に帰還することができました。宇宙開発にアクシデントはつきものです。つねに頭をやわらかくして考えることが大切です。

ロープにぶら下がった人が脚をバタバタさせても、身体は回転しません。

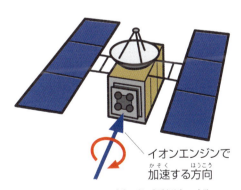

イオンエンジンで加速する方向

イオンエンジンの首を上下左右に動かすと、「はやぶさ」の機体を上下左右に動かせます。でも、エンジンで加速する方向に向かって回転させることはできません。

85

チャレンジ！ Q

直方体の缶があります。下のように赤、青、黒の軸があるとします。箱の向きを、左のAから右のBのように90度変えたいとき、どうすればいいでしょうか？ ただし、缶は黒軸を中心に回転させてはいけません。

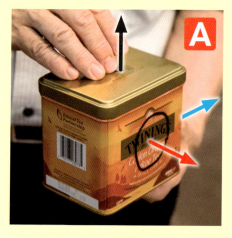

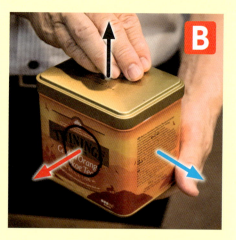

Aの缶を90度向きを変えて、Bのようにしたい。ただし、黒軸を中心に回転させてはダメです。

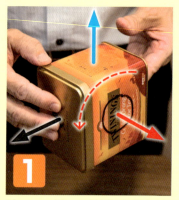

1 上のAの缶を、赤軸を中心として90度回転させます。

2 次に青軸を中心に90度回転させます。

3 缶のフタが上を向くように、赤軸を中心に90度まわします。

直方体の缶は、Aの位置からBの位置になりました。でも、黒軸の方向には、まったく動かしていません。

「はやぶさ」の3Dモデルをダウンロード！

イオンエンジンのくびふりだけで、エンジンで加速する方向の軸まわりに機体が回転することを体験しよう。

www.kidssciencelabo.com/
にアクセスしてね。

※アドレスは「labo」です。「o」まで入力してください。

ピンホールカメラの型紙

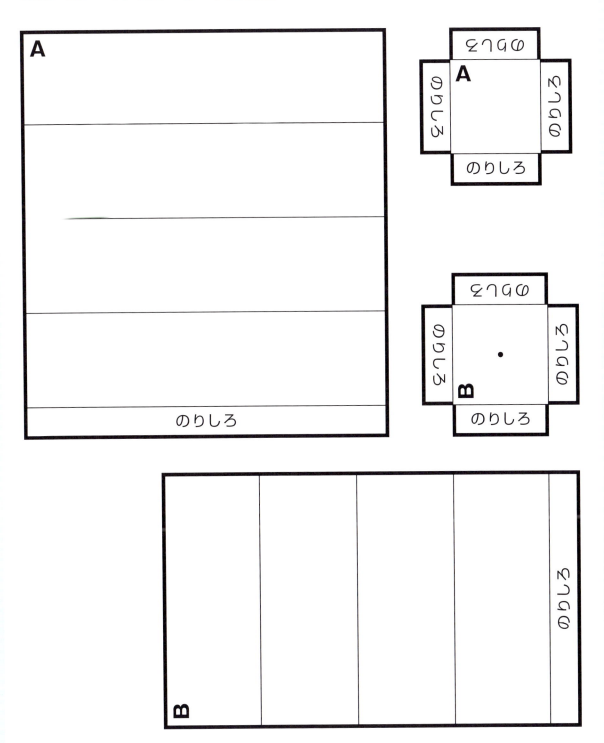

●著者紹介
川口 淳一郎（かわぐち・じゅんいちろう）
1955年青森県生まれ。1978年京都大学工学部機械工学科卒業。1983年東京大学大学院工学系研究科航空学専攻博士課程修了。同年旧文部省宇宙科学研究所システム研究系助手に着任、2000年教授に就任。「さきがけ」「すいせい」などの科学衛星ミッションに携わり、初代「はやぶさ」ではプロジェクトマネージャを務めた。2010年に帰還した「はやぶさ」は、世界で初めて小惑星からサンプル（試料）を持ち帰ることに成功。大きな感動をもたらした。現在、国立研究開発法人宇宙航空研究開発機構シニアフェロー、宇宙科学研究所宇宙飛翔工学研究系教授。「はやぶさ2」ではアドバイザーを務める。著書に、『「はやぶさ」式思考法』（新潮文庫）などがある。

本書の実験が詳しくわかる動画［ダイジェスト版］を無料でダウンロードできます。
下のアドレスかQRコードでアクセスしてください。
http://bit.ly/2tQcsrb

実験スタッフ	池田崚太　石黒裕樹　石田寛和　梅田啓右　大橋郁　岡部和子　大木優介　柏岡秀哉　菊地翔太　久保勇貴　黒澤里永子　高尾勇輝　中条俊大　松本純　茂木倫紗　安田大介　矢野創
写 真 撮 影	門馬央典
イ ラ ス ト	池下章裕　イケウチリリー　小沢陽子
協　　　力	方喰正彰（有限会社Imagination Creative）　熊手えり
写 真 提 供	JAXA　国立極地研究所

こども実験教室　宇宙を飛ぶスゴイ技術！

2018年8月1日　第1刷発行

著　者	川口 淳一郎
発行者	唐津 隆
発行所	株式会社ビジネス社

〒162-0805　東京都新宿区矢来町114番地 神楽坂高橋ビル5階
電話　03-5227-1602　FAX　03-5227-1603
http://www.business-sha.co.jp

印刷・製本／シナノ パブリッシング プレス
〈カバーデザイン〉宇都木スズムシ、小久江 厚（musicagographics）
〈本文デザイン〉関根康弘（T-Borne）
〈編集担当〉本田朋子　〈営業担当〉山口健志

©Junichiro Kawaguchi 2018　Printed in Japan
乱丁・落丁本はお取り替えいたします。
ISBN978-4-8284-2046-2